クオン
人文・社会シリーズ
04

「ものづくり」を変える
ITの「ものがたり」

――日本の産業、教育、医療、行政の未来を考える

廉宗淳

Youm Jongsun

CUON

クオン
人文・社会シリーズ

「ものづくり」を変える
ITの「ものがたり」

――日本の産業、教育、医療、行政の未来を考える

廉宗淳[著]

CUON

まえがき　明治維新から150年後のIT維新

　今の時代は、行政、医療、教育、金融などの公共部門や鉄道や航空などの交通分野と建設や流通、製造分野等の様々な現場で情報技術と既存の「業」を融合させた新しいビジネスモデルを作っていくIT融合時代です。

　そのなかでも、私は、個々の組織に導入されているITシステムの現状を調べ、課題を解決するため、もしくはこれからの市場競争で生き残り成長していくための組織の情報戦略はどうあるべきかを提案するコンサルティング業務を、ここ十数年なりわいとしてきました。また、韓国と日本それぞれで起業していることから、両国を橋渡しする日々の仕事のなかでそれぞれの国の現場における共通点やちがいを肌で感じることがしばしばあります。

　そうした気付きや思いをこれまでいくつかの新聞やWebサイトなどに寄稿したり、また、テレビなどでインタビューを受けたりするなかで、皆様に伝えてきたつもりです。そうした発言は、国、自治体の関係者や企業のIT部門、そしてITベンダー（ハードウェアやソフトウェアの供給元企業をIT業界で「ITベンダー」と呼ぶ）など専門家向けに語った内容が中心を占めています。他方で、一般の方々にも、国や自治体の提供する教育、医療、行政サービスなどにおけるIT利用の実態を知ってほしいと思うようになりました。

　今、これまで国際競争に強かった日本の各部門の産業が次々と海

外の後発企業の挑戦に直面して、苦戦を強いられているなか、危機を乗りこえようと必死の思いで戦っています。しかし、最近にかぎっても東芝、シャープなどは危機的な状況から大胆な内部改革を考えるか、あるいは身売りすら選択せざる得ない状況におかれ、三菱自動車にいたっては軽車の燃費を偽造するなど、今までは想像もつかない犯罪すれすれの手段までもおこなってあの手この手で生き残りを図っている状況といえるでしょう。

　1990年代後半まで世界第二の経済大国だった日本の姿は薄れつつあります。宇宙開発から、生活必需品まで「メイドインジャパン」は信頼の象徴であり、高品質の象徴でもあった時代で、日本の製品は世界市場では憧れの商品でした。しかし、そのような「メイドインジャパン」を作って来た日本企業はなぜここまで堕落し没落してしまったのでしょうか。過去の成功体験に酔ってしまい、目まぐるしい速度で変化していく、技術の変化、文化のトレンドに鈍感になり、時代の流れに順応せず、落ちこぼれてしまったからではないかと思います。

　地球上に自動車が1000万台普及するのに100年かかった産業革命時代から地球上にインターネット利用者が1000人を突破するのに10年かかったというインターネット革命時代、そして地球上にスマートフォン利用者が1000万人を超えるのに半年もかからないスマート革命時代が象徴するように変化の速度は日に日に増しているのです。そのなかで、日本だけが大量生産、薄利多売の経済モデルから抜け出していないような気がします。

　日本の各企業は価格競争で勝ちたいと、つぎつぎと人件費の安い中国に生産拠点を移すもののその中国の経済成長に伴い人件費が高騰して益々採算が合わなくなると、今度はさらに中国内陸に行く、あるいはベトナムやタイ、最近はマレーシアに工場を移すという話

もよく耳にします。しかし、そもそも日本の良さは価格の安さではなく、高い技術力にあったのではないでしょうか。単純に価格競争で勝負するビジネスモデルは日本に合わないモデルではないかと思います。

さらに、海外工場で技術を学んだ外国人技術者と日本企業からリストラされた人材が外国に会社を設立して競争者が増え、さらに国際競争が激しくなる悪循環が続いている気がします。このように抜け出す道が見えない不況のトンネルをくぐり抜けようとする必死のあがきの行きついた先に様々な不祥事が起こってしまった気がします。

しかし、今でも日本の町工場の技術がなければ、アメリカのNASAは宇宙船を飛ばせないし、日本企業の高い水準の部品なしには世界のアップルやサムスン電子といえどもスマホ一台作れないのも現実です。また、毎年のようにノーベル賞を受賞する科学者も多く輩出している国でもあり、今でも日本の底力は遜色がないのも事実であります。

「みにくいアヒルの子」という童話があります。なぜか白鳥の卵がアヒルの卵のなかに紛れてしまい、母アヒルが卵を温め孵化させることで白鳥の子は成長しながら自分は仲間のアヒルと外見がちがってくることから自ら「みにくいアヒルの子」と思い、一生懸命アヒルに似るための努力をしていった末に自分が白鳥であることに気づくという話です。日本は白鳥の子であることはいうまでもありません。けっしてアヒルのまねをしてはなりません。

世の中はICを基盤として再編されつつあります。政治活動ではネット選挙、行政ではマイナンバー、医療現場では電子カルテ、教育現場では電子教科書、電子黒板、銀行ではネットバンキングなど、すべての分野においてITは使い方によっては莫大な力を発揮

する世の中に変わりつつあります。

　しかし、日本はこれらの現場でIT技術を使うのに単純反復的な作業をコンピュータにさせる電子計算機器としての使い方しか考えておらず、情報技術と「業」を融合させる新しいビジネスモデルを作りだすところには失敗しているのではないでしょうか。それどころか、そもそも挑戦を避けてきたのだと思います。

　たとえば、日本では住民が行政サービスを受けるために、役所に何度も足を運んで書類を書かされたり、免許証などの提出を求められたりして、住民票や戸籍謄抄本などの書類を足で集めたりする姿が日常化しています。申告や納税もパソコンで簡単に済ませられればいいのですが、実際は使い勝手があまりよくなく、装置を買う費用がかかったり、使い方を調べたりするのに貴重な時間を要したりしているのが実情です。こうした手続きは自分たちの人生の節目節目で深くかかわるにもかかわらず、「それは役所がやっていることだから仕方がない」と諦めている方がとても多いことに私は驚いています。

　しかし、行政制度が日本と非常に似通っている韓国では、こうした面倒な手続きを国民にやらせてはならない、という法律を作って、韓国版のマイナンバーをフルに利用して、「いつでもとこでも証明書の発行ができます」という業務プロセスからはじまり、今では「いつも、どこでも証明書の提出は要らない」業務プロセスに変えているのです。

　日本では、教育現場でも生徒の学びをめぐって、学校、教育委員会、保護者、そしてシステムを導入するベンダーのあいだにさまざまな課題が山積しています。日本と同様に人材が資源の韓国では、ICTのメリットを生かしながらこうした課題を乗り越えようとしています。たとえば、大学入学の際に高校の成績証明書や卒業証

明書を学生が提出しなくとも、高校と大学をつなぐネットワークでやり取りをしてしまうなどのシステムができあがっています。それは、小学校、中学校にもつながっているのです。

同様に、医療機関でも高額の電子カルテシステムや請求レセプト電算システムの維持補修、そして保険請求業務などさまざまな悩みを抱えているのが見受けられます。その多くが経営の立て直しにかかわる深刻なものです。

私は、これらの課題すべてがITツール(ハードウェアやソフトウェア製品)で解決できるといいたいのではありません。ITを導入する際に行う業務プロセスの改革が大事なのです。わかりやすくいうと、「利用者を感動させるサービスを作ろう」という視点が、あるかないか、ということです。

この10年ほどで驚くほど電子化されたデータが生成、流通するようになり、デバイスが普及する等、技術環境は一変しました。それに合わせた仕事のやり方に変えていかないと、利用者の満足度は下がるばかりです。

日本の製品は、世界的に見ても顧客満足度が高い、といわれます。ではなぜ、上述したような分野がそうなっていないのでしょうか。この疑問を解くことが、この日本の活力を取り戻す鍵だと私は確信しています。日本は明治維新で近代化をはたしました。いままた、もうひとつの改革、IT維新を起こすときではないでしょうか。

日本における公共と民間分野でコンサルティングを行って来た一人として、私はここで、これまで感じてきたこと、政財界に求めることをまとめました。本書には韓国の様々な分野での先進事例や気づきが多く書かれております。読者のなかには韓国の自慢話ばっかり書いてあると思われる方々もいらっしゃるかもしれません。しかし、決して韓国自慢のために描いたわけではありません。韓国でも

日本以上に遅れている部分も多くあります。しかし、韓国の弱点をここで述べることは読者の些細な慰めにはなるかも知れませんが、日本の成功には何も役に立ちません。そのような意味で読んでいただければと思います。

　2016年8月31日
　　　　　　　イーコーポレーションドットジェーピー株式会社
　　　　　　　　　　代表取締役社長　Ph.D 廉宗淳

目　次

まえがき 3

第1章　産業 　12

キム・ヨナと浅田真央　12

日本人は高価な有田焼の湯飲み茶碗しか使わないのか　15

ソウル市の交通変革に見る「モノづくり」と「ストーリーづくり」のちがい　19

バスの路線図を描き直したITベンダー　20

海外にバス運行システムを輸出　24

改札のないKTXの駅　25

我慢強い消費者が、真の情報化を遅らせている⁉　28

「電算化」と「情報化」のちがい　30

引退すべき人間をいつまでも囲っておく日本企業　32

日本は資本主義国家の真似をした社会主義国家　34

業績悪化の根本原因は日本企業の「傲慢さ」にある　37

国のGDPが減っても国民所得が上がる方法とは　40

韓国の中小ソフトウェア企業が海外で成功を収める理由　42

金融ビジネスにもITを駆使したサービスが不可欠　45

第2章　教育 　53

電子黒板に見る日韓の教育　53

プロジェクタータイプと液晶モニタータイプで意見が割れる　56

電子黒板は授業を抜本的に変える手段　59

ホモ・サピエンスからホモ・モビリアンスへ　61

韓国EBSがもたらした教育の光と影　64

日本の「教育基本法」が定める「教育の機会均等」の素晴らしさ　69

教える前に教師がまずICTを勉強する　71

教育熱心なあまり、子どもの幸福感が最下位になってしまった韓国　73

韓国と日本の教育制度、大きな2つのちがい　75

学校間で生徒に関するデータを連携できない日本　77

電子黒板を導入する前に行うべきこと　78

A自治体では全県共通の教育情報システム整備を推進　79

世の中を変えるのは人間、その人間を変えるのは教育　81

コラム①　女性が安心できる社会を目指して　84

第3章　医療　88

スーパードクターと医療難民　88

病院における経営とは　91

部署別のシステムを統合化　93

4つの「Less」　95

患者はお客様　98

手書きの請求書をパンチャーがシステムに入力　103

韓国では、請求処理を100％電子化している　105

「EMRの利用に反対する医師はこの病院を去りなさい」　107

標準電子カルテを全国に販売　112

医療品質評価システム、医薬品使用状況確認システムの導入　114

医療サービスを海外に輸出　120

海外の患者を呼び込むJCI認証　122

保険料徴収事務を一元化　124

医療データの活用を通じた国民の知る権利の提供　126

コラム②　犯罪、災害予防のためのU-芦原統合管制センター　129

第4章　行政サービス　133

転出届を日本からインターネット経由で済ませる　133

韓国の電子政府総合窓口　137

行政機関は、国民に各種証明書の提出を求めてはいけない　139

利用者本位の行政サービスの提供を　142

「電子政府法」からはじまった韓国の変革　146

電子政治法の紹介　148

国民の支持を受けた国を挙げてのICT推進　150

適正価格から外れた過剰品質の製品が不必要な場所で使われていた　152

「住民に何を提供できるか」ではなく、「住民は何を望んでいるか」への思考の転換を　155

住民登録番号、自治体の基幹システム統一　159

公的な電子証明書を普及させる戦略もないままシステムを押しつける　164

日本の電子政府・電子自治体が悲惨な状況になっている根本的な理由　167

有名企業のパッケージ製品が海外で無名なワケ　169

日本のICTベンダーはグローバル市場に飛び出せ　173

ノーベル賞受賞者を輩出する日本、していない韓国　175

　コラム③　運転免許証のICチップはなぜついているのか？　178

第5章　変革への道筋　182

危機に直面してこそ、「なせばなる」　182

韓国と日本の選挙　185

「認証ショット」で仲間を投票に誘う若者たち　188

韓国版「ジャスミン革命」　190

ポピュリズムという批判があるものの　192

韓国でのICTに対する世論　194

日本の国家機関のICTリテラシーの低さを露呈した誤認逮捕　200

グローバルで戦うように仕向け、外需の獲得を目指す「ソフトウェア振興法」　202

すべてが私の責任です！　207

　コラム④　深夜バスで街をもっと活性化　210

あとがき　214

本書をお勧めします

◆ICT利活用の未来を輝かせよう　多久市長・横尾俊彦　217

◆この本の中に未来を拓く視座がある、いやこの本のなかにしかないだろう

共同通信記者・浜村寿紀　221

◆テクノロジーの問題ではなく、組織のマネジメントの問題だ

NPO団体　CeFIL理事長・横塚裕志　223

◆日本と韓国、学びあうことは多い

パシフィックコンサルタンツグループ株式会社・グループ経営企画部 企画室長・湯浅岳史　226

◆「目からウロコ」の連続　衆議院議員・高井たかし　229

第1章 産業

キム・ヨナと浅田真央

　2014年冬に開かれたソチオリンピックでは、各国選手の素晴らしい闘いぶりに手に汗を握りました。とくに、女子フィギュアスケートは印象に残りました。全力を出しつくして演技をするすべての国の選手にも胸を打たれました。

　そこで思い出したのが、2012年5月7日、韓国ソウル特別市（以下、ソウル市）の一角で開催された世界経済研究院主催の経済セミナーのことでした。セミナーの講師には、早稲田大学大学院教授の深川由起子氏が招かれました。深川氏の演題は「グローバル経済の波のなかでの日韓経済の比較」でした。

　深川氏は、日韓における企業のちがいを、両国のフィギュアスケーターであるキム・ヨナと浅田真央の両選手にそれぞれたとえて説明しました。

　韓国企業は、キム・ヨナ選手のようにグローバルな観点での経営モデルを確立し、世界経済の波に乗って成功を収めている。それに対して日本企業は、浅田真央選手のように技術重視という幻想にとらわれ、市場のニーズとは少しかけ離れた観点での製品開発を行っているのではないか。それらが理由で、過剰な品質、過剰な性能をもつ製品が開発され、グローバル競争で負けているのではないか。そういう問題提起でした。深川氏の主張にはおそらく賛否両論があ

ることでしょう。

　ひとこと読者の皆さんに申し上げるなら、私は浅田真央選手のファンです。トリプルアクセル（3回転半ジャンプ）といった素晴らしいジャンプに留まらず、真央ちゃんが一つひとつの技の精度を高め、表現力や全体の流れも大切にしていることを素人ながら、察しているつもりです。ただ、深川氏の説明にも一理あると思いました。

　2010年以降、日本のマスコミでは、韓国企業躍進の背景を分析する記事が目立っていました。2013年になって世界の政治経済状況が変わり、韓国企業にも逆風が吹きましたが、それでも韓国のサムスン電子一社の利益が、日本の代表的なIT企業の利益総額より高いのです。サムスン電子の2013年の年間売上高は、前年比13.6％増の228兆6900億ウォン（約22兆3000億円）、営業利益が同26.6％増の36兆7900億ウォン（約3兆6000億円）です。なぜ、そうなってしまったのか。好悪は別にして、冷静に分析することは決して無駄ではないでしょう。

　浅田真央選手はしばしばスケートの試合が終わり、試合での感想を聞かれると、3回転半を飛べなかったので残念だったとか、今日は成功できたので良かったという話を口にします。一方、キム・ヨナ選手は技術的なことを述べることはなく、演技に最善をつくせて良かったとか、結果に満足するような話で締めくくっている印象です。そこから筆者が感じるのは、フィギュアスケートの選手は誰のためにプレーしているのか、ということです。

　もちろん、自己満足や自分の利益のためにもプレーはするでしょう。フィギュアスケート競技の詳しい採点方法は私にはわかりませんが、観客の目線で見ると、その試合全体を通じて、選手が氷上に紡ぎ出す物語の世界に私たちをどれだけ惹きつけることができたの

かが大事だと思います。難度の高い技術をいくつ行使したか否か、だけで評価されるものではないはずです。

　ビジネスの世界にも、どこか通じるものがありそうです。日本製の製品は世界的にも品質が高いと評価されていることはまちがいありません。しかし、顧客の観点から考えると、品質というのは、単純にそこで用いられる技術の難度の高さだけで決まるものではないでしょう。価格や、消費者の手元に提供するスピードもあるでしょう。手にしたときの楽しさ、ワクワクする気持ち。それらも「品質」のうちに含まれるはずです。

　これからのグローバル競争に勝ち抜くためには、適正な品質、すなわち、適正な技術、適正な価格、適正なスピード、そして楽しさや新たな体験の機会においてどうバランスを取るのか、そのさじ加減が大事なのではないでしょうか。日本企業はいまいちどそのビジネス戦略を世界のなかで見直す時に来ているのではないか。フィギュアスケートの演技を見てそんな疑問がふと湧いてきました。

日本人は高価な有田焼の湯飲み茶碗しか使わないのか

　韓国のヒュンダイ自動車は、日本でも一部のタクシー会社などで利用されています。街中で偶然にヒュンダイ自動車のタクシーを見かけると、韓国人の私は自然と親しみを感じ、急用でなくても乗ってしまいます。そして、運転手さんに、なぜこの車を買ったのかを尋ねてみます。すると、たいていの運転手さんは、「価格と性能を比較して決めた」と答えます。

　実際、私自身もヒュンダイ自動車の乗用車を運転するオーナーとして、性能面で何の不満もありません。それどころか、同クラスの日本車よりも価格面で100万〜200万円も安いことを考えると、コストパフォーマンスの良さに大変満足しています。

　一方で、タクシーの運転手さんは、ヒュンダイ自動車の劣る点として、走行距離の短さを挙げます。日本車のエンジンの走行距離がたいてい60万キロであるのに対して、ヒュンダイ自動車は40万キロなのだそうです。たしかにその点ではヒュンダイ自動車よりも優れた品質です。

　しかしながら、皆さんは自家用車を購入してから、どれくらいで買い替えるのでしょうか？　国交省の統計などによると、日本の自家用車の平均的な年間走行距離は1万キロです。5万〜10万キロも乗れば、買い替えるのが普通です。現代自動車の乗用車における寿命である40万キロでさえ不要です。まして、同クラスの日本車における60万キロについてはいうまでもないでしょう。たしかに、タクシーのような業務用で利用される年間走行距離の長いケースでは事情は異なります。とはいえ、この車種はすべてが業務用に使われるわけではなく、私のように自家用車として利用するユーザーが

多いのです。差し引き20万キロ分の走行距離は、まったく無駄ではないでしょうか。「無駄ではない、意味があるのだ」といわれそうですが、当然のことながら、この余分な品質を実現するためのコストは価格に上乗せされています。

　子どもが受ける試験の成績を、50点から90点まで引き上げるのと、90点から100点まで引き上げるのとでは、かかる労力や教育費は大きく異なります。同様に、製品の品質を90％まで引き上げるのにかかったコストが100万円だとすると、90％から100％に引き上げるのにかかるコストはきっとそれ以上です。もしかすると倍の200万円かもしれません（金額はあくまで仮定です）。

　日本の自動車メーカーはしばしば、この"200万円"を上乗せした品質過剰の自動車を各社横並びで製造し、販売しています。もし、同クラス一社だけ破格の値段の車を出したとしたらどうでしょう。きっと関係者は眉をひそめるでしょう。そして「和を乱した」「品がない」などといわれ、業界内で冷たい風を浴びるにちがいありません。売るほうだけでなく、その商品を買った人の品性までもが、疑われかねません。自動車業界に限らず、いろいろな業界で同じような横一線の状況があります。少し前になりますが、航空業界に格安運賃の航空会社が登場したときのメディアの論調はどうだったでしょうか。新興ネット企業が球団を保有するときはどうだったでしょうか。

　ところで、昨今、日本では軽自動車の人気が高まっています。維持費が安く、燃費もよい割に、それなりに走ります。すべての顧客層が100点満点の高額な車を求めているわけではないのです。

　とくに、私が自治体の職員の一人としてかかわっている行政業務システムの開発・調達においても、日本人は、自前主義で、技術力を極めることに陶酔しているようにも見えます。すでに同様の技術

や製品が存在していたとしても価格が安いと、「裏になにかカラクリがあるにちがいない」「どこか品質が悪いところを隠しているはずだ」と疑いの目で見られます。

　食器にたとえれば、日ごろ使う湯飲み茶碗は安物で構わないにもかかわらず、日本のITベンダーには、有田焼の湯飲み茶碗しか売っていないということです。大事なお客様用に有田焼の湯飲み茶碗を用意するのは結構なことですし、お客様をお迎えする玄関やお茶の間に有田焼の花瓶を飾ることはおもてなしです。同じ有田焼であれば、他所からくる客人のための花瓶や茶器として使えば、もてなされる方も、もてなす方も、とても心地よいのではないでしょうか。適材適所とはそういうことかと思います。ただし、自宅で普段使う湯飲み茶碗まで高価な有田焼にするのは身の丈を超えています。

九州陶磁器博物館の有田焼

　それにもかかわらず、高価な有田焼だけを店頭に並べて、「このなかから選べ」と言われれば買い手はどう思うでしょう。これは過

剰な品質であり、メーカーやベンダーの傲慢と評されても仕方ないのではないでしょうか。

　ところで、前述のサムスン電子ですが、その羨ましい営業利益率もアップル社の利益率に比べれば微々たるものです。また、サムスン電子が生産する半導体は、日本の半導体装備や素材なくしては成り立たないのも事実です。そして、かの有名なアップル社のiPhoneやiPadには、サムスン電子のメモリやLG電子のディスプレイが多く採用されていると聞きます。

　これまでの国際競争ではKnow Howが大事にされてきました。しかし、今後はそれに加えてKnow Whereが大事なポイントになると思います。技術の進歩が目まぐるしい今の時代にあっては、競争力のある技術開発もさることながら、世界のどこかにすでに必要とする技術が開発されているのであれば、それらを用いて、新たな付加価値をスピーディに提供することも競争上、重要になっているのです。「そんなことは知っている」とおっしゃるかもしれません。しかし、その知識をもとに判断し、実行できるかどうか。私は価格もスピードも、実行したときに初めて、「品質」の一部になるのではないかと思います。

ソウル市の交通変革に見る「モノづくり」と「ストーリーづくり」のちがい

　システムやスマートカードなどの「モノ」の価格は、技術革新や競争によってどんどん下がります。顧客からそっぽを向かれないために必要なのは、今まで通りのモノづくりの力ではありません。重ねて申しますが大切なのは買い手が感動するストーリー（物語）を描く力です。

　たとえば、情報化とは、既存の仕組みを機械に置き換えて人件費を浮かせようとする取り組みと思われがちですが、そうではありません。それは単なる「電算化」です。「真の情報化」は、単にコンピュータを導入するだけではないのです。既存の仕組みをゼロにして、枠組みから新たに考え直さないと、実現できません。

　ソウル市の公共交通網は、いわばこうした真の情報化により、市民の利便性を大幅に向上した典型的な例です。このプロジェクトでは、ITベンダーが単なる「システム屋」としてシステム設計だけに留まらず、都市計画全体を見据えた大きなストーリーを描き、それを形にしたことが成功につながりました。

ソウル市交通システム

バスの路線図を描き直したITベンダー

　2000年代前半のソウル市内の交通は、たくさんのバス会社がそれぞれで勝手に路線を引いていたので、とても複雑に入り組んでいました。どのバス会社もより多くの乗客を乗せて利益を得ようと、人が集まりやすい、市の中心部に建てられた市役所を通る路線をもっていたからです。どこへ行くにも一度は必ず市役所前を通ることになります。しかも、目的地まで直行する路線が少なく乗り換えが頻繁に生じた上に、目的地まで遠回りするので運賃も高く時間もかかり乗客にとっては不便でした。

　それに同じ路線を複数のバス会社が走ると、ライバルのバス会社より速く走ろうと競い合い、運転がどうしても荒くなります。危険な上に乗り心地もよくありません。公共交通システムの使い勝手が悪いために、市民は自家用車に頼るようになり、さらに市内の渋滞が悪化するという悪循環に陥っていました。

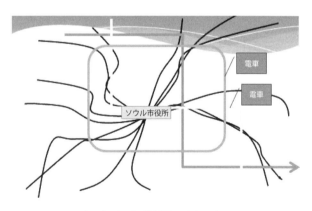

ソウル市の旧バス路線図のイメージ

当時ソウル市はバス会社に対し、赤字路線分を補填するための補助金を払っていました。しかし、それぞれの路線がどの程度の赤字額を抱えているのか、複雑な路線と運営の仕組みのなかでは市の職員ですら明確に管理できていませんでした。その結果、ソウル市では、不透明な補助金支出がかさむことになっていました。

　そこで斬新な提案を行ったのが、LGグループのシステムベンダーであるLG CNS社です。同社はまず、日本円にして約10億円を拠出して、2004年に「韓国スマートカード」という会社を設立しました。そして、その資本金の35％をソウル市に寄付しました。そして多数あった民営のバス会社はそのままに、バスの運営権だけを韓国スマートカードに集めました。

　通常であれば、公営事業は高コストや非効率の元凶と見られ、民営化こそがその解決策と捉えられることが多いのですが、ソウルのバス交通システムの場合は逆に、民営のバスを、一見公営のように集約する手法を採ったのです。まさに発想の転換でした。

　次に韓国スマートカードが着手したのは、バス路線の引き直しです。ソウル市役所を中心として、東京でいうところの山手線のような環状ルートを引いたほか、碁盤の目状に路線を引いて、市内をまんべんなくバスが通るようにしました。

　さらにすべてのバスにはGPS（全地球測位システム）を搭載し、韓国スマートカードのコントロール・センターではソウル市内全域を表す地図画面上に、どのバスがどこを走っているか、リアルタイムに表示、管理できるようにしました。

　コントロール・センターでは、バスの運行状況だけでなく、T-マネー（日本におけるスイカのような交通料金の決済機能をもった、コンパクトなプリペイド式のスマートカード。カード型だけでなく、携帯アクセサリーになるタイプも発売されている）の利用状況から、バス一台一台に

韓国の業界共通の交通カード　バス会社、鉄道会社、タクシー会社で共通利用されている

バスの乗車口にあるスマートカード「T-Money」の読み取り機

何人の乗客が乗っているのか、コントロール・センターにある地図画面を見れば、ひと目でわかるようになりました。バスの混み具合がこのようにすぐ把握できれば運用効率の向上につながります。前日の乗客の利用状況や運賃などの情報は、翌朝4時までに各バス会社に報告されるようになりました。これによってバス会社の経営陣

も施策を打ち出しやすくなったのです。

　ソウル市にとっては、不透明な補助金支出が減り、市民は使いやすくて便利な公共交通機関を得ることができました。バスの利用者が増え、渋滞が緩和されただけでなく、同じ路線で複数のバスが競い合うようなことがなくなったため、バスの運転手にとっても安全な職場になり、給料も上がりました。

　韓国スマートカード（T-マネー）には、システムの運用手数料や、スマートカードの販売、利用による収入が入ります。その後このT-マネーで支払える場所はコンビニ、27の大学キャンパス、公衆電話、役所、自動販売機などに広がり、交通手段の利用だけには留まらず、物品購入など一般利用による決済金額は前年比2倍以上という大変な勢いで増えています。

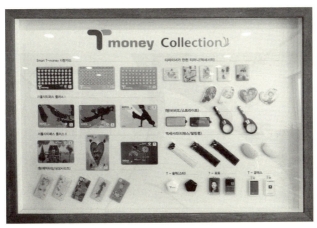

韓国で使われている交通ICカード　カードにかぎらずストラップなどいろいろなかたちがある

海外にバス運行システムを輸出

　日本でも、交通系のICカードが広く普及してきました。また、バスの位置情報をGPSで把握することで運営の効率化を図る実証実験も、一部の自治体などで始まっています。

　一方、韓国スマートカードはこのシステム全体を、すでに海外にも輸出しています。韓国はGDPのなかで輸出産業が占める割合が高い国ですが、諸外国に売り込む輸出品のなかには、こうしたシステムも含まれます。バス運行システムは、ソウル市における実例・実績を伴ったシステムなので、売り込む際の説得力が高いのです。そうなると、諸外国との入札の際に価格競争に陥る可能性が少なくなります。すでにニュージーランドのウェリントンで導入されていますが、マカオやマレーシア、ロシア、メキシコなどでも導入の検討が進んでいるそうです。

　この事例で示したいのは、IT化されていない部分、人が行っている業務などに、ただ単にITを導入すればよいわけではないということです。システムの設計ができても、LG CNS社のように、バスの路線図や都市計画まで描けなければなりません。このプロジェクトの本質は、テクノロジーだけではなく、政策や都市計画にあります。ちなみに日本にはこうしたプロジェクトに取り組めるIT企業はまだ少ないように思われます。いずれにしても市民、自治体、バス会社、システム運営者の、全員が便利になり幸せになれるストーリーを描くことがカギです。

改札のない KTX の駅

2012年4月に韓国に行ったときのことです。ソウルから、日本でいう新幹線にあたる KTX（韓国高速鉄道）に乗ることになりました。チケットは事前にインターネットで予約して、料金も支払い済みです。ソウル駅に着いた私は、KTX の乗り場で改札を探して歩き回ったのですが見つかりませんでした。不安になりつつ、「入り口」という表示に沿って進んだのですが、結局改札を通らないまま、列車に乗ることができてしまいました。

予約してある自分の座席に座りましたが、不安でどうも落ち着かない。ちょうど車掌が通りかかったので呼び止めて、「チケットはこの通り持っているんだが、改札を通らないで乗ってしまった」と正直に話しました。すると、「改札はないんですよ」という返事でした。驚いて「なぜ改札がないんですか？」と尋ねたところ、「どうして改札が必要だと思うんですか？」と、逆に車掌から聞き返されてしまいました。

「予約をとらずに駅に来た人は、そのまま不正乗車できてしまうのでは？」と答えたところ、車掌は、自分の手元にあるハンディターミナルを見れば、どの席が空席かはわかるし、駅と駅の間の区間が長いので、不正乗車した人がそのことを車掌に知られても、走行中の列車から逃げることはできない、と言いました。

「たしかに不正乗車はゼロではありませんが、取り締まることはできるし、ある『かも』しれない不正を防ぐために、すべての駅に改札を設け、高額な改札装置を設置して人員を配備するのはコストのムダです」という説明でした。

私は、なるほど、「駅務の自動化」を突き詰めるとこういうこと

ソウル駅のKTSのホームへ続く通路には改札がない

になるのかと思いました。高度に機械化された改札装置を各駅に設置するのではなく、車掌に使いやすい端末を持たせる代わりに、全駅の改札を廃止してしまう。大胆ですが、非常に合理的です。情報化、というのはこういうことではないか、と思わされました。

　ところで、日本の場合は、情報化・コンピュータ化というと、「まず、コスト削減」と捉えられがちです。つまり、人員を減らして機械で置き換えていくための手段、と位置付けるのです。機械を入れるのでそれなりのコストはかかります。しかし機械のコストは人件費より安いだろう、という前提なのです。本当に安くなっているのかどうかは、きちんと計算する必要があります。

　一方、サービスの品質を、人がその仕事を行っていたときよりも下げるわけにはいきません。同等レベルか、もしくはそれ以上に高めなければ顧客の不満は高まります。ただ、情報化・コンピュータ化というと、どうもコスト削減論議に傾き、顧客満足の発想が置き去りにされることがしばしばあります。

　「今あるものの置き換え」という前提で物事を進めるのではなく、

いちどそれまでの固定観念を脇に置いて、ゼロベースで業務プロセスそのものを変えるという発想をしてみる。すると、コストパフォーマンスが高く、なおかつ、サービス品質もお客様の満足度も高まることが多いのです。情報化の本質はそこにあります。

我慢強い消費者が、真の情報化を遅らせている⁉

　もうひとつ、本州の最北端の自治体に行ったときのエピソードをご紹介しましょう。

　私は市行政の情報化について、本州最北端にあるC市の職員としてアドバイスを行う情報政策調整監の役職にあるため、頻繁にC市を訪れます。2012年の冬にC市に行き、飛行機で東京に帰ってこようとしたときのことです。午後7時ごろの飛行機に乗るはずが、雪のために出発が1時間遅れるとのアナウンスがありました。空港で待たされ、午後8時ごろにようやく搭乗できたのですが、機体に雪が積もったという理由でそのまま30分待たされました。

　その後も、滑走路に雪が積もったので除雪作業のために30分、そしてまた機体に雪が積もったので30分……と、結局離陸は午後10時すぎになったのです。しかしその時間だと、羽田空港に着いても電車は終わっていて、自宅に帰ることができません。機内で客室乗務員に聞いたところ、「羽田空港に着いてから地上係に聞いてください」と告げられました。

　到着したあとで羽田空港の地上係に尋ねたところ、「外にタクシーが停まっているので、ご自由にご利用ください」というではありませんか。もちろん「自腹で」です。近くのホテルの部屋を確保してくれるなり、せめて都心までシャトルバスを用意するのが普通では、と思いましたが、それよりも驚いたのが、乗客が誰も文句を言っていないということでした。韓国だったら、航空会社に対して大騒ぎをしていると思います。なぜ日本の消費者は怒らないのでしょうか？　これでは航空サービスが良くなるはずもありません。

　韓国は、国連が調査・発表する電子政府ランキングでここ数年、

1位が定位置になっていますが（2年ごとの調査。2010〜14年 1位）、当の韓国国民はまったくそうした実感をもっていません。転居や就職・退職、出産、育児、医療、介護などに関連するさまざまな行政関係の手続きが自宅のパソコンから簡単にできるということも、慣れてしまうと当たり前になります。そして、もっと質が高く、便利なものを求めるようになります。

　こうして、サービスを提供する側と、サービスを受ける側が刺激しあって情報化を促進し、全体が良くなるのです。まずは消費者が賢く、貪欲になる必要があります。私から見て日本人は忍耐強い一方で、モノの品質や衛生面などについては譲らない、あるいは、あまり妥協しない傾向にあります。そうであれば、航空会社などのサービス品質についても、もっとシビアになっていいのではないでしょうか。不便で高コストのサービスを我慢することで、結局損をするのは消費者なのです。

「電算化」と「情報化」のちがい

　昔は、農水産業、製造業、流通業、運送業、サービス業など、さまざまな業種のひとつとして「情報通信産業」がありました。しかし今はちがいます。複数の業種はつながっていて、境目がほとんどありません。とくに情報通信は、すべての業種と繋がっており、密接に関わっています。既存のビジネスとITを融合する「ITコンバージェンス」という概念が情報通信産業においても、重要になっています。

　ただし、ITコンバージェンスというと、「電算化」と「情報化」を一緒にして考えてしまっている人が非常に多いのですが、これはまったく別のものです。

　電算化は、人間が行っていた単純反復的な作業をコンピュータに置き換えるだけです。日本ではまだこちらの発想をされる方が多いようです。一方、情報化は、一度既存の仕組みをゼロにして、枠組みから新たに考えなおすアプローチです。前述した改札のないKTXは、情報化にあたります。「あって当たり前」の改札そのものが、本当に要るものなのかどうか、と一歩引いて考えてみることがポイントです。

　電子行政の例に照らし合わせると、「いつでもどこでも住民票が取れる」といったことを目的にするのは、真の情報化ではありません。これは単なる電算化です。

　そもそも住民票というのは、公的機関や金融機関など公共性の高い機関での手続きのために必要とされるものです。であれば、A区に住む住民がB区役所でA区の住民票を取得して目的の機関に提出する、というようなことではなく、A区役所とB区にある提

出先の機関が住民の要請に基づいて直接、その住民の住民票のデータをやりとりできるようなシステムにするべきであって、公的機関同士の連絡作業に、わざわざ住民の手や足を煩わせる必要はないはずです。

　表面的な多少のコストに惑わされるのではなく、一歩引いて、業務の流れ（フロー）全体を見直すことによってサービスを良くし、仕事の効率を上げて、全体のコストも下げる。これが真の情報化なのです。消費者側もそれに早く気付き、「わがまま」になって、真の情報化を求めていくことが必要でしょう。

引退すべき人間をいつまでも囲っておく日本企業

　韓国ではサラリーマン人生を語る際に、次の3つの言葉がよく使われます。「38選」「45定」「56盗」です。

　「38選」とは、韓国と北朝鮮の間にある「38度線」をもじった言葉で、「38歳になったら出世を目指して今の会社に残るか、今の会社での勝負を諦め、ほかの会社に転職するか、それとも起業するか選択せよ」という意味です。

　また、「45定」は、韓国語で「サオジョン」と読み、『西遊記』に出てくる沙悟浄（同じ発音になります）をもじった言葉です。「45歳になったらそろそろ定年だと思い、会社に居座って後輩たちに惨めな姿を見せることなく、すっきりと会社を辞めることを考えよ」という意味です。

　そして、「56盗」は、チョー・ヨンピルの「釜山港へ帰れ」の歌詞にも出てくる五六島をもじった言葉で、「56歳まで会社に居座るのは給料泥棒なので、そろそろ辞めて、転職するか、起業せよ」という意味です。ちなみに、五六島とは釜山湾の湾口にある島で、潮の干満によって島の数が5つに見えたり6つに見えたりすることに由来して名づけられました。

　2012年に出された韓国国会予算政策処のレポートによると、韓国労働者の平均勤続期間は5年でフランス（11.7年）やドイツ（11.2年）などに比べ半分以下。また、企業内での10年以上勤続者の比重は、日本が44.5％で、韓国が17.4％に過ぎないと記されています。このように韓国の会社組織では激しい競争があるため、同一組織のなかで、出世競争から落ちこぼれになりそうだったら、会社から何かを言われる前に、潔く自ら次の道を探すというのが一般的なサラ

リーマンの運命と言えます。激しい競争に生き残り、出世をして皆が憧れるサラリーマンの星「取締役」になったとしても現実は相変わらず非情なものです。韓国では取締役のことを皮肉な言葉で「任期付き臨時職雇用」と呼びます。正規職雇用と臨時職雇用のちがいは、簡単に解雇できるかできないかにあります。1年や2年の任期後、取締役会で再任されなければ、そのまま解雇ということになります。そのため、任期付臨時職員なのです。

　たとえば、韓国の大手企業の取締役の在職年数は平均3年だそうです。取締役になるために命を懸け、涙ながらに努力を重ねて、やっと夢の取締役になったとします。しかし取締役になってもその任期中には、さらに自分の存在価値を認めてもらうため、またしても命を賭し、必死になって戦います。

　一方、日本の企業風土はどうでしょう。最近はいくつかの大手企業が業績悪化に陥り、企業の存続をかけてリストラを断行している状況でもありますが、それ以外の会社の多くは、普通の社員はもとより取締役も問題を起こさない限り、普通は定年まで勤められるのはもちろん、定年間近になれば出向という名の下、子会社や関連の深い企業などに天下りをしていきます。なんと安泰なことでしょう。ここに、現在の日本企業の大きな問題点が潜んでいると、私は感じます。

　そもそも、米国的な資本主義を掲げるのであれば、このような人事はやめるべきです。つまり、今の日本企業は、仕事ができる人を雇用不安に陥れる米国式経営の悪いところと、引退すべき人間をいつまでも囲っておく日本式経営の悪いところの両方を併せもった経営をしているということなのです。これこそが、日本の企業が凋落した大きな原因だと私は思っています。

日本は資本主義国家の真似をした社会主義国家

　この見出しを見て不愉快に思われる方がいらっしゃるかもしれません。なぜ私がそう思うのか説明します。日本の組織風土における矛盾に加えて、給料の額も大きな原因です。富士通、日立製作所、日本電気（NEC）といえば、世界屈指の大企業です。しかしながら、社長の年俸は１億円台だと思います。一方、現在、韓国のサムスン電子には取締役が９人おり、彼らの年俸は10億円を超えているといわれています。しかも米国企業の取締役の年俸はそのサムスン電子よりも、はるかに高いといわれています。

　資本主義において、経営者は実績がすべてです。利益を出す責任とそれに見合う大きな権限をもっているはずの、世界的大企業の経営者の給料が年俸１億円台では、死ぬ覚悟で任務を全うしようという気にはならないのではないでしょうか。もとより給与を高くすれば必ず能力を発揮してくれるという保証もありません。けれども売上の規模と代表取締役社長の年俸の関係をグラフにすると、非常に興味深い結果が出てくると私は思います。

　また、このようなエピソードがあります。韓国の電子政府がうまくいった理由の一つとして、情報通信大臣に２回もIT企業の社長を就任させたことがあげられます。

　韓国の電子政府を世界一にまで引き上げた盧武鉉（ノ・ムヒョン）大統領はまず、サムスンの陳大済（チン・デジェ）社長を情報通信部（現・行政自治部）の長官に任命しようと考えました。韓国人は公務に就くことを光栄に思っているので、陳社長は大統領の提案に対して、非常に迷いました。なぜなら、韓国の大臣の年俸は1500万円程度です。一方、サムスンでの年俸は10億円だからです。また、サムスン電子を辞めると、何

十億円というストックオプションがなくなることも陳社長が躊躇した原因でした。

　悩みぬいた末、陳社長は盧武鉉大統領に断りの連絡を入れました。しかし、大統領は諦めず、サムスングループの李会長に助けを求めました。それに対し、李会長は陳社長を呼んで、「君のストックオプションは何とかするから、国のために働いてこい」と告げました。こうして陳社長はストックオプションを保証してもらい、情報通信大臣になったのです。

　日本が資本主義国家であれば、これくらい資本主義国家らしいことをやらなければいけないと思います。しかし、日本は資本主義国家の真似をしたがるものの、実態は、国民の意識、社会構造すべてにおいて「社会主義国家」のように映ります。高度経済成長期ただなかの数十年前までは国民全員が幸せであり、社会主義国家でも良かったと思います。しかしながら、バブル崩壊を機に、欧米式資本主義を中途半端にもちこんだことで、今や完全に社会の仕組み、古き良き日本式の企業経営は崩壊してしまっているように見えます。

　少子高齢化が進み、デフレ経済が進行するなか、日本企業は、海外に工場を移し、生産コストを下げることで利益を確保し、グローバル市場で勝ち抜こうとしています。そのベースには、規模の経済という思想があります。しかしそれでは、日本の良さ、国民性を生かすことはむずかしいのではないでしょうか？

　また、生産拠点を人件費が安い国に移転し、そこで技術者を養成してしまったら、その国の人はいずれ会社を辞めて自分たちの競合他社に移るか、起業して競争相手となるのは必至です。もちろん、愛着をもって残ってくれる人もいるでしょう。現在、このような状況に陥っているのが、日本の家電メーカーなのではないでしょうか。

ただし、もっと長い目で見れば、そうした競争相手の諸外国の国民が、物質的、経済的に豊かになり、一人当たりの所得も増えた時に、日本の製品を買ってもらえる。いわば「将来の顧客」を育てているのだ、と考えることもできます。それくらい中長期的な投資家の視点で行動してほしいものです。
　しかし、海外の国民が日本の商品・サービスを買おうとするほどに豊かになった時に、日本のお家芸である、品質の高いものづくり、おもてなしの心、ユニークなコンテンツ、そしてそれを提供する企業や個人が存在していなければなりません。
　目先の出来事に翻弄されず、広く俯瞰できる視野をもつ経営者が、どれくらいいるのでしょうか。私にはそれほど多いようには思えません。自分が死んだ後のことは、残された子や孫たちの問題、あとは任せた、と思っている方も少なくないようです。

業績悪化の根本原因は日本企業の「傲慢さ」にある

　最近、世界中に広がっているアップルとサムスンの特許権侵害に関する訴訟問題が大きな話題となりました。しかし、アップルはサムスンの半導体がないとiPhone5を作れませんし、サムスンのGalaxyは日本の最先端素材や部品がないと作れません。このように、今や国境を越えて各企業は密接に結びついており、切っても切れない関係にあります。

　とくに日本と韓国の分業は数十年続くビジネスの関係性で成り立っています。日本が素材や部品を開発すると、韓国はそれらを輸入し、最終製品として組み立て、海外に売るといった役割分担になっています。つまり、韓国の輸出額が増えるということは、同時に日本の輸出額が増えるということを意味します。

　そのような関係にもかかわらず、どうも、日本企業は、韓国企業を良きビジネスパートナーとして受け入れてくれていないように見えます。常に、韓国に勝った、負けたと言い、勝たなければいけない敵、としてしか見てくれていません。残念な話です。

　今も韓国企業が成長したのは、リストラされた日本のエンジニアが高い報酬に目をくらませられて海を渡ったからだ、「敵に塩を送ったのだ」と見られます。

　もちろん、韓国企業がすべてうまくいっているわけではありません。ただ、日本企業は、韓国企業の躍進ぶりを事実として認め、その理由を探し、それに対する自分自身の弱点や改善策をあぶり出し、それらを改善する努力をすべきだと思います。これは、対韓国企業に限ったことではありません。

　グローバル化が進むなか、目に見えないあらゆる参入障壁を温存

させ、今後も外国企業を日本市場から排除するという戦略が、将来的に日本の産業に成長をもたらすことはないでしょう。ここに現在の日本企業の大きな問題点があると思います。人口の社会減、自然減に悩む日本の地方自治体では、地の利を生かして企業の誘致に前向きです。地方も都市も問わず、みな高い教育水準があります。なのに、海外企業が日本に入ってくることはほとんどありません。日本に工場を作ろうという海外企業の声をあまり耳にしません。なぜでしょう。バブルがはじけたとはいえ、用地の確保にかかるコストや税金が高く、行政の手続きが複雑で時間がかかり、言葉やコミュニケーションにおいて壁がある。ようするに、日本では、海外企業はあまり歓迎されていないようです。海外からの観光目的の旅行客は、増えているようですが。

　2012年12月に第二次安倍政権が発足し、金融緩和、財政出動、成長戦略の3本の矢を掲げる政策、アベノミクスが打ち出されると、久々に円安に振れ、日経平均株価は大きく値を上げました。

　金融・財政政策は一時的なカンフル剤に過ぎず、対GDPにおける国・地方の債務は増え続けており、少子高齢化の流れと年金・社会保険などの社会保障の増加に歯止めはかかっていません。これは周知の通り、最近起こった話ではなく、失われたといわれるこの20年、ずっと続いている話です。日本の底力が試されるのはこれからです。

　日本企業の経営者も、国任せではいけないでしょう。業績悪化の根本原因を十分理解した上で、適切な対策を講じることです。本気で企業が変わるには、大企業の経営者や従業員がまずは変わらないといけないと私は思います。そもそも経営者が従業員から抜擢される企業では、経営者のマインドは社風に強く依存することでしょう。

私は、日本企業に元気のない根本原因には、常に「自分は悪くない、周りの状況が悪いのだ」と言い張る日本企業の「傲慢さ」にあるのではないか、と考えています。まずは、つまらない自尊心を捨て、謙虚な気持ちで冷静にビジネスに向き合うべきだと思います。

　1980年代に、自動車産業を中心に、日米貿易摩擦が起きました。トヨタ自動車をはじめとする日本の自動車メーカーが、米国市場を席巻したのがきっかけです。その時、米国は日本に対して、「日本は自分たちの利益ばかりを考える国だ。米国が、日本車が売れるように市場を開放してあげたのに、日本で米国の自動車が売れないのは、日本が高い参入障壁を作って我々米国の日本市場への進出を妨害しているからだ」と主張しました。

　しかし、そもそも多くの米国人消費者が日本車を選んだ理由も、日本人が米国車を選ばなかった理由も同じで、極めて単純です。それは、燃費やデザイン、内装などあらゆる面で、日本車の方が米国車よりも顧客のニーズを捉えていたからです。あの時、米国の自動車メーカーが傲慢さを捨て、謙虚な気持ちになって、顧客のニーズに合致した製品を開発していたならば国際競争に負けて会社が倒産に追い込まれるといった事件は起きなかったでしょう。その時の米国の自動車メーカーの過ちを、日本企業はいま反面教師として真摯に学ぶべきだと私は思うのです。

国のGDPが減っても国民所得が上がる方法とは

　内需が伸び悩むなかで、日本はどういう手を打てばよいでしょうか。経済学について私はド素人ですが、自分なりの仮説を申し上げたいと思います。私は、人口が減少し、国のGDPが多少減っても、一人当たりのGDPを少しずつ伸ばす方法がないか思案してみるべきだと考えます。なぜ、一気に伸びるのではなく、少しずつ伸びることがよいかというと、痩身と一緒で、無理に食事を制限したり、過度に運動したりすると、たいてい思いがけないリバウンドが来るからです。中国やインドの成長が鈍化しているように、急激な成長の後には、それなりの調整期間が必要になります。経済成長の舵取りは、一国でどうこうできる話ではなく、為替や金利などの政策に関する国際間の合意形成と協調が必要です。ただ、世界の人口は産業革命以来、増え続ける傾向にあります。他国の成長の勢いを日本経済が取り込む形にすれば、仮に日本国内が少子高齢化であっても、需要を増やし、国内に雇用の場を拡げ、創意工夫によって製品・サービスの付加価値や生産性を高め続けることができるはずです。

　たとえばの話ですが、日本人には高機能の車を作る能力があるのだから、1億円でも売れるような自動車を開発し、100万円や200万円の自動車の製造は、すべてインドや中国に任せてしまうというのはどうでしょう。インドや中国、韓国と価格で勝負するというのは得策ではありません。

　日本人の能力や技術力を考えたら、どうして欧州のロールスロイスやマイバッハのような5000万円以上するような最高級車を作ろうとしないのか、私には不思議です。トヨタのプリウスを1万台売

るよりもマイバッハを100台売る方が、利益率は高いのではないでしょうか。

　工場を新興国に移転し、国内の産業を空洞化させるよりも、国内で世界の富裕層向けの利益率の高い製品を開発、製造する方が、日本の未来のためには得策だと私は思います。日本の競争力の源泉は、日本人のアナログな国民性にあります。アナログといったら古くさいと思うかもしれませんが、それは大きな勘ちがいです。たとえば、日本の自動車には、優れた乗り心地、座り心地、走り心地、居心地があります。これらはすべてアナログなものです。最後は人間の手で微調整を行って仕上げる。そこに匠の技があるのです。ベンツやヒュンダイ自動車に対して、日本車が勝てるのは、この部分だと思います。

　ところが、日本の自動車メーカーは、数値化できるところばかりで勝負しようとしているように私には見えます。日本人はアナログ的な感覚が強みなので、その強みを捨てて、デジタル的な感覚と勝負すべきではありません。乗り心地といった職人魂に火が点くような部分に特化し、そちらを極めるべきです。日本人は、拡大志向から縮小志向に方向転換をした方が成功するのではないでしょうか。高くても良いものを買う人は世界中に数多くいます。そういった顧客にターゲットを絞り競争力を高めていくことが日本の成長に欠かせないのではないかと思うのです。

韓国の中小ソフトウェア企業が海外で成功を収める理由

　自動車の乗り心地、座り心地などに相当するものに、日本のICT業界におけるコンピュータのユーザーインターフェイスがあります。デジタル機器やモバイル端末の使い心地は極めて重要です。しかしながら、残念なことに、日本企業はこの分野で日本人の良さ、らしさを発揮できていません。

　私はそこに、ICT業界の産業構造に問題があると思っています。ICT分野は、NTTグループを頂点に、その下に富士通、日立、NECなどの東証一部上場企業、さらにその下に二部上場企業や中小企業がぶら下がったピラミッド構造をしており、上層の企業はITゼネコンと呼ばれています。

　国がこの一部上場クラスのベンダーに発注すると、案件がドンドン下請け会社に下りていきます。上層の会社は下請け会社に丸投げなので、技術やノウハウが蓄積されません。上層の会社はプロジェクトマネージャー、つまり指揮官という立場を名乗っていますが、プロジェクトマネージャーとしての専門教育を受けていないので、現状は、ICT業界における人材派遣会社の役割しか担っていないのです。

　一方、韓国の大手ICT企業のほとんどは財閥系です。現在、サムスン、LG電子など16の財閥系企業があり、そのグループ内にそれぞれシステム開発会社があります。それらのシステム開発会社は自グループ内の情報システムを開発します。そのため、システム開発会社の社員はグループ会社の本来あるべき経営を、いかにコンピュータで実現するかを考えるブレイン（頭脳）なのです。つまり、日本のICT業界とはちがって、システム会社のプロジェクト

マネージャーは、プロジェクトチームを目的の達成に向けて動かすリーダーとして鍛えられています。韓国ではグループ会社という共通の収益基盤の下、人材育成にも力を入れています。

加えて、国内市場は経済規模が日本の半分以下なので、最初からグローバル市場を前提にビジネスを展開しています。その結果、国際競争力が養われます。実際、モンゴルなど数十か国に、ODA（政府開発援助）なども含めて、電子行政関連アプリケーションなどを輸出しており、徐々にソフトウェアの輸出を拡大しています。それに対して、日本のICT企業はどうでしょうか。

韓国では、財閥系企業のグループに属さない中小企業はなかなかシビアな状況に置かれています。財閥系企業から搾取される構造になっているからです。中小企業の経営者は財閥系企業に対して常に、強い反感を抱いています。その反感をバネに、大手企業と対等な立場で競争できる専門分野のパッケージソフトを開発し販売するのです。さらに大手企業以上に国内よりも世界市場に目を向け、グローバルに勝負できるパッケージソフトの開発や、独自のサービスモデルを開発し、大手企業と差別化を図ることでしか、生き残ることができません。

結果的に多くの中小ソフトウェア企業は、海外に進出し成功を収めています。そうやって生まれたベンチャー企業に、韓国版インターネット検索ポータルサイト「NAVER」を運営するNHNEntertainmentのほか、ゲーム分野では2011年12月に、日本で上場を果たしたネクソンなどがあるのです。

一方、日本の中小ソフトウェア企業は、大手企業とほどよい協力関係を維持しているので、リスクを負ってパッケージソフトや新しいサービスモデルを開発して世界市場で勝負するよりも、いわゆる受託開発もしくは派遣ビジネスに安住し、延命しています。これで

は業界全体が徐々に、ゆでガエルのような状態になっているのではないでしょうか？

金融ビジネスにも IT を駆使したサービスが不可欠

　最後に産業に不可欠な金融について説明し、この章を終えましょう。

　最近、まわりからたびたび聞こえてくる言葉があります。「フィンテック」という言葉です。ウィキペディアによると「Fintech（フィンテック、FinTech、Financial technology）とは、情報技術（IT）を駆使して金融サービスを生みだしたり、見直したりする動きのこと。1990年代から使われてきた言葉で、2003年からはアメリカ合衆国の業界紙『アメリカン・バンカー（英語版）』が「Fintech 100」と題する業界番付を発表したとされる Finantial の FIN と technic テクニックの TECH を合成した」と定義されています。今までの金融業と IT 技術を融合させて新たな金融サービスが生まれるというもので、今後どのようなものが生まれてくるのか楽しみです。

　ところで、私は日本で事業を行っているので金融機関を利用する機会が少なくありません。フィンテックまではいらないけれど、普段の取引で顧客の利便性を考えてほしいと思うときがよくあります。

　最初、日本で法人を作ろうとして、A 銀行に行き窓口で会社を設立したいので資本金納入のための口座を作ってほしいと申し入れました。すると銀行の職員は、会社概要と事業計画書を持ってきてくださいといいます。瞬間、耳を疑いました。この方はもしかして私が融資を受けるために来ていると錯覚しているのかなと思いました。私は融資を頼みたいわけではなく資本金納入のための口座を作りたいともう一度話をしましたが、わかっていますので会社概要と事業計画書をもってきてくださいというのです。

とんでもないと思った私はとなりにあるB銀行に行き同じ話をしました。B銀行からも同じことをいわれましたので、日本では資本金納入のための口座を作るためには会社概要と事業計画書が必須だということがわかりました。後でわかったことですが、マネーロンダリング防止の対策として厳しくチェックしているようですが、銀行に資本金を納入したい顧客に対して、これではまるで犯人扱いです。

　韓国では同様なことで銀行を訪れるとかならず支店長が対応してくれます。当然ながら初めての口座づくりなので事業がうまくいったら銀行にとって優良顧客になる可能性もああります。日本と同様なマネーロンダリングの可能性を探るために支店長が直接色々と聞いてくるのかもしれませんが、銀行の支店長室に招かれることはそれほどないので、大事な顧客扱いされている気分になれます。

　ある日、取引中の銀行から話があるといって営業の職員が私を訪ねてきました。あいさつ後に早速本論が出てきました。

「あの、ネットバンキングを使っていますか？」

「いやいやまだ使っていないですよ。ぜひとも使いたいですのでお願いします」

「ありがとうございます！　一応、毎月数千円の利用料金がかかりますけれど、ネットバンキングをお使いになると便利ですよね。では、手続きを進めさせていただきますね」

　私は瞬間、耳を疑いました。ネットバンキングを使うのに月額利用料？　何をいっているのかさっぱり理解できない。聞きまちがいかもしれないので、再度確認するとやはり私の会社から毎月数千円の利用料を払わなければ使えないというのです。韓国では当たり前のようにネットバンキングは無料で提供されるのですが、日本はなにか特別なサービスもあるかはわからないので、どのようなちがい

があるのか聞いてみましたが、何もちがいません。

　悪い癖ですが、なぜお金を払わないのか気になり、聞くことにした。「すみません！　少しうかがいたいのですが、弊社のお金を金利もつかない貴行に預けており、そのお金を御社の職員にお世話になることもなく、弊社のパソコンから弊社の職員がネットで取り出すので、御社に手数料をはらわないといけない理由がわかりませんが、なぜネットバンキング利用料を払わないといけないのでしょうか？」

　銀行員が神妙な顔で答えてくれました。「あの、お客様がお金をおろすためにわざわざ銀行まで来られることなく、お金の出し入れが可能になるので、収益者負担の原理を考えると当たり前と思います」

　「ところで、御社のネットバンキング利用者数は多いでしょうか？」と聞くと「いいえ、それが伸びなくて困っており、本日御社にうかがったのも利用者を増やすためです」というのです。

　ちょっと考えみましょう。ネットバンキングサービスを充実させれば、お金の出納や振り込みなどの些細なことで顧客が銀行の窓口に来なくなります。銀行側から見ると窓口の仕事が減るので窓口の担当者も減らせるし、窓口そのものも減らしてよく、さらにいうと支店数すら減らし、顧客には利便性を与えるのでお互いにWinWinの関係と思いますが、ちがうのでしょうか？　ネットバンキングを構築するのにお金がかかり、月額利用料云々で利用者も増えない、手数料収入もないまま、ネットバンキングサービスは続けないといけないが今の状況であるとしたら、本末転倒ではないでしょうか。

　ちなみに韓国ではこのような窓口業務は銀行ではお金にならない仕事なので、なるべき減らすために顧客にネットバンキングを

使わせるためにあの手この手の努力を惜しみません。実際、韓国でのネットバンキング利用率は7割を超えていますし、町中にATM(自動現金支払機)が設置されています。その結果、銀行の支店などに行きますと、昔の支店の風景のように窓口がたくさん並んで、顧客が座って番号札をもって順番待ちする風景は一変し、贅沢な応接室のようにして、主に資産運用の相談をメインビジネスとして考えています。

たしかに韓国も昔は今の日本の銀行の風景とあまり変わりありませんでした。ちなみにほかの分野と同様、韓国の金融機関も日本植民地時代から日本のやり方をそのまま踏襲して来たので、基本的におかれている状況は同じです。

しかし、1997年韓国を襲った経済危機により多くの銀行は破産するか、金融機関同士が吸収合併やハゲタカといわれる海外資本に安価で売却を余儀なくされました。生き残りをはかって金融機関は血の涙というべき自救努力を積み重ねたのはいうまでもありません。固定費や経費削減のために従業員を減らし、支店数も減らすなどの努力もしました。

時を同じく誕生した金大中政権下では、世界のITブームに乗り、ITを用いた国家再生戦略を立てて、国家情報化推進計画を立て、各分野の情報化を強力に推進したのです。そのなかで、金融情報化は金融産業の再生の基本プラットフォームとして位置づけられ、様々な政策がすすめられました。

まずは、金融機関として一番お金がかかる情報システムの刷新にとりかかりました。当時の韓国の銀行では大型コンピューターを使っていましたが、そもそも大型コンピューターは高額であり、特定ベンダーしか扱っておらず、ベンダーロックがあり、業者のいいなりになりがちだったので、銀行としては悩みの種だったのです。

その大型コンピューター中心だった銀行のITシステム、つまり預金貯金などを管理する「勘定系システム」を世界初の試みで、小さいといっていいUNIX系にダウンサイジングを実施し、究極的なコスト削減を実施しました。それによって破格のコスト削減とともに他のシステムの連動性と使い勝手の良いシステムができあがり、銀行の業務生産性の向上と情報システムの運用経費も格段に下げることができたといいます。

　また、あらゆる取引に対応できるように様々な新技術などを導入して、次世代、次々世代バンキングシステムを掲げて、世界最先端システムといっていいほどの情報システムを構築して新しい時代に備えたのです。日本の金融機関でよく聞くのは銀行において情報システム関連費用が高すぎてそれを下げるために様々な努力をしているというものです。そのような意味からいわゆるITコスト削減を理由に「勘定系システム」などの情報システムを他の銀行と共同利用しているようですが、そもそも銀行においてIT費用はコストだろうかと疑問をもつのは私だけでしょうか。

　たしかなのは韓国の金融機関においてITシステムはコストではなく、利益を創出してくれる戦略的な手段としてとりこんでいるので、他の銀行が使っているシステムを共同利用するとかの発想は少なく、如何に他の銀行とビジネスを差別化できるかのきわめて重要な役割を担っていると考えているのです。

　一方、経営再建中に多くの銀行が支店などを廃止したために、不便を感じていた顧客にたいしては、当時の韓国ではインターネット利用人口が世界でも最も高い時代だったこともあり、ネットバンキングなどに誘導することで、不便をなくしていきました。このときにネットバンキングのセキュリティ対策として、公的個人認証のために「PKI方式」制度を導入したことで個人としても安心して金

融取引ができるようになりました。後に韓国政府が電子行政サービスを提供する際に金融機関が発行した公的個人認証を併用できるようにしたことで、全国民が公的個人認証をもっていることと同じ効果を生み、韓国の電子政府が世界一になるための基盤ともなりました。

　だれもが使いやすいユーザーインターフェースを取り入れたネットバンキングのシステムを開発して顧客が入金や出金、もしくは振り込み振替のために銀行に来なくても、ネットにつながっているパソコンさえあれば、安全に取引できるようなシステムを提供しました。また、ネットを使えないお年寄りなどには電話だけで取引ができるテレバンキングサービスを充実させるなどで、顧客の金融取引に不便がないように努めたのです。

　さらに政府や自治体が提供するインターネット税金納付システムと銀行のネットバンキングを連動させ、納税者の口座から振替ができるサービスを提供していますし、金融機関が設置したATMにも税金納付等のメニューを入れて使えるようにしています。

　いま、世界の金融業界は企業活動のグローバル化にともない、金融業のグローバル化も急激に進んでいます。銀行が保険商品を販売する、IFRS制度（財務諸表作成に関する国際的会計基準）の導入など、数多くの国際的な制度が次々登場する状況のなかで、グローバル競争に打ち勝つにはどのような戦略で戦うかを考えなければ生き残れない時期であるとされます。また、最近はネット専業銀行の出現やアップルペイ、サムスンペイ、アリペイが登場するなど金融業の進入障壁はなくなりつつあります。そのなかで生き残りを図るには、フィンテックでも何でも競争に打ち勝つための戦略と努力がもっとも必要な時期と思います。

　最後に韓国のフィンテックと思われるようなITを徹底的に行使

したサービスをいくつか紹介しておきます。

① 口座ポータビリティー制度

韓国政府は金融機関同士の競争を促すために、口座ポータビリティー制度を導入しました。この制度は携帯電話の番号ポータビリティーにより、携帯電話キャリアが変わっても電話番号が変わらぬことと同じく、金融機関が変わっても自分の口座番号は変わらず、その口座にぶら下がっている給与口座としての機能や各種料金の引き落としなどの様々な情報がそのまま連携できるので顧客としては非常に便利になりました。それにより金融機関同士が顧客を他の金融機関に奪われないようにするために、サービスの競争がますます激しくなっています。

② **相続権者に対して、銀行をはじめ保険などすべての死亡者の金融情報を提供**

韓国では、自分に相続権がある人が急に亡くなった場合に金融機関に対して、住民票や戸籍謄本などで自分の相続権理を証明し、亡くなった方が開設していたすべての口座の情報を入手でき、保険会社、証券会社、銀行など、すべての金融機関に残っているお金を引き取ることが可能になりました。じつは私の父も交通事故で急に亡くなりました。もしかしてという期待をもって調べたところ大した金額がなかったので残念でしたが、日本でもこのようなサービスは導入してもいいのではないでしょうか。

③ スマホウォレットシステム

韓国では昔から南男北女という言葉があります。南の韓国では美男子の男性が、北朝鮮には美女が多いとの意味です。たしかにたまにテレビに映る北朝鮮の女性はきれいな方が多いように思います。それはさておき、日本の男性も格好いいなと思う方が多いのも事実ですが、一つだけ残念なことがあります。それはほかでもなくスボ

ンの後ろポケットに厚い財布が入っていて、それがけっこう恰好悪い。

　まあ、財布には現金がたくさん入っていればましですが、たいてい開けてみるとポイントカードばかりではないでしょうか。日本の男性の素敵なスタイルを守ってあげるために韓国のスマホウォレットシステムを紹介します。スマホアプリからいくつかのものを選んでダウンロードできるのですが、ダウンロードしてインストールすると初期設定で、様々な企業から発効するマイレージカードやポイントカードが表示されます。携帯電話から個人情報が取得できるので、本人のマイレージカード記録がある人はそのまま利用できるようになるのです。

スマホウォレットサービス

日本で発行されている各種ポイントカード

第2章 教育

電子黒板に見る日韓の教育

　日本では、子どもの貧困が社会問題化しています。どうすれば、親の所得や住んでいる地域によって生じる教育格差をなくし、教育の機会均等を実現できるのでしょうか。私はその鍵がICTにあると思っています。ICTには光だけではなく影の面もあります。しかし、それはあらゆる道具について当てはまることで、道具を適切に使いこなせるかどうかはそれを使う人次第で決まります。詳しくは本章を読み進んでいただければおわかりいただけると思いますが、ICTを活用することで教育の成果を高めることは可能です。A自治体ではそのための挑戦を始めています。

　まず、私がA自治体教育庁の情報企画監として実際に携わった電子黒板の導入に関するお話から始めましょう。

　A自治体では2011年度から全県規模で「先進的ICT利活用教育推進事業」に取り組んでいます。その一環として、2013年からは、県立学校向けに、教師の様々な事務作業の削減と教育の情報化の推進を目的とした「教務支援機能や学習者管理機能及び教育用デジタルコンテンツ管理機能を備えたA自治体独自の教育情報システム」の開発、教師へのICT利活用教育研修、個々の教室への電子黒板の設置、といったプロジェクトを進めています。その結果、ついに2013年春から、すべての県立高校で電子黒板を利用した授業が始

まりました。

　ところで海外では地方自治体が学校や病院などの公共施設に設備や機器を新たに導入する際には多くの場合、まず「RFI」を実施します。RFIとはRequest for Informationの略で、「情報提供依頼」もしくは「情報要求をする行為」のことです。RFIは日本でも最近、採用されるようになってきました。

　国民の税金を使う立場としては、とくに、先端技術を搭載した製品の調達を検討するのは、非常に困難を伴う作業です。市場には、絶えずより高性能な新製品が次々と登場しています。価格も大きく変動しています。そのなかで、よりよい調達条件や選定条件を取りまとめないといけないからです。情報収集や整理はたいへんですが、税金を使っている以上、よい製品を安く調達することは自治体の務めです。

　調達を行う前にはまず調達先の候補者に対して、調達条件や選定条件を取りまとめるのに不可欠な情報の提供を求める必要があります。そのための手続きがRFIです。ようするにRFIとは「RFP（＝Request For Proposal：提案要請書、入札依頼書）」を作成するための行為のことです。ところが、今も多くの地方自治体ではRFIを実施せず、直接RFPを発行しています。それはA自治体も例外ではありませんでした。

　もちろんすべての調達においてRFIを実施する必要はありません。しかしながら、今回のように、これまで導入したことのない製品である電子黒板を学校に新たに導入する場合、RFIの実施は不可欠です。なぜなら、そもそも日本ではどのような電子黒板が販売されているのか、それらにはどのような機能や特徴が備わっているのか、どのようなタイプが現場環境に合致するのかがわからなければ、適正価格もわからず、妥当な予算を策定するのが困難だからで

す。事前情報なしで、メーカーからの一方的な提案内容だけで製品の良し悪しを判断することなど到底できません。

プロジェクタータイプと液晶モニタータイプで意見が割れる

　A自治体教育庁はRFIを実施することにしましたが、RFIに対して、10社を上回る数の会社が応募してくれました。そのうち7社が今まで一般的に使われてきたプロジェクタータイプ、残りの3社が液晶モニタータイプでした。

　電子黒板の特徴の一つに、映像教材などを簡単かつ有効に取り扱えることがあげられます。日本の学校は韓国などに比べて教室の窓が大きく室内が明るい上、教室自体も広いという特徴をもっています。そこで、機種選定に参加した評価委員の方々は、このような環境下で使う電子黒板ということを前提に、検討を開始しました。

　まず、教育的な観点だけを考えれば、プロジェクタータイプよりも輝度が高く、教室の後方席の生徒でも鮮明に見える液晶モニタータイプの方がよいのではないかという意見が多く出されました。

　一方で、液晶モニタータイプはプロジェクタータイプに比べて価格が高いという認識があったため、より安価と思われるプロジェクタータイプでよいのではないかという声もありました。

　しかしながら、調査してみたところ、プロジェクタータイプの場合、購入費用は比較的低いものの、投影に使用する照明器具の寿命があまり長くないため交換の頻度が高く、またそのランプも高価であるため、運用段階まで含めるとトータルとしては決して安くないということがわかりました。加えて、黒板が設置されている壁にレールを装着し可動式にして使うケースが多く、そのレール工事に十数万円かかることも判明しました。総合すると、当初は高いと思われていた液晶タイプと比べて、プロジェクタータイプは、それほど安くないということがわかったのです。

事実、A自治体が2011年度に購入したプロジェクタータイプの電子黒板の調達費用は、電子黒板本体の価格、運搬や壁への設置工事にかかる費用、5年間の維持・保守費用などを含めると、1台当たり100万円を超えていました。

A自治体が導入した電子黒板

　どちらにも一長一短があります。そこで、本来の電子黒板の導入目的を再確認し、購入後少なくとも5年以上は電子黒板を使うことも含めて、あらゆる面からあらためて検討を重ねました。そして液晶モニタータイプの方が好ましいという結論に至ったのです。

　また、心配していた価格に関しても、RFIを実施してみたところ、液晶タイプとプロジェクタータイプではさほど変わらないことがわかりました。実際、当初1台140万円は下らないだろうと思っていたのですが、競争入札の結果、1台60万円程度で導入することができ、関係者一同胸をなでおろしたのでした。

　ちなみに、画面の大きさは70インチを選定しました。それ以上大画面だと、前列に座っている生徒に威圧感を与えてしまうという専門家の判断もあり、この大きさが最適と考えたのです。

なお、韓国の小学校では、従来黒板のあった壁の位置に電子黒板が組み込まれています。電子黒板を使う場合には従来の黒板がスライド式で動くため、教室のスペースを占有しません。一方、日本では今のところ、このような組み込み式ではありません。当分、従来の黒板と併置することになるでしょう。

電子黒板は授業を抜本的に変える手段

　ところで、電子黒板のメリットは、教師があらかじめ用意したデジタル教材をそこに投影し、自由に文字や図形を書き込んだり消したりすることができる点にあります。ところが今回、プロジェクタータイプの電子黒板を県に提案してきた日本のあるメーカーが当該製品を紹介する際、「従来の黒板に負けない書き心地」や「従来の黒板と同じような使用感」をセールストークとして強調していました。

　メーカーの流暢なセールストークを聞いた審査委員の方々は、瞬間的に、「そうか！　電子黒板なのに、普通の黒板に書くように滑らかに書けるというのは実に素晴らしい」と納得したのです。

　それに対して、私は審査委員の方々に、「電子黒板なのに、従来の黒板と同じ感覚で書くことができるというのは、本当に素晴らしいことなのでしょうか？」と質問を投げかけました。「それなら、従来の黒板をそのまま使えばよいはずです。なぜ、わざわざ高いお金を出して、電子黒板を購入する必要があるのですか？」と重ねて質問しました。すると、審査委員の方々はしどろもどろになりました。

　さらに、私が「これまでにない新たな教育手法で、子どもたちに素晴らしい授業を行いたいのではないのですか。それであれば、今、私たちが選ぶべきは、写真やイラスト、動画、アニメなど教育用のデジタルコンテンツを十分に利活用できる電子黒板のほうです」とお伝えしたところ、「その通りだ。すっかりメーカーの説明に乗せられてしまった」といいました。

　その結果、デジタルコンテンツを投影する際により鮮明に見え、

動画を利用する際に後方席からでも動きがはっきりとわかる液晶モニタータイプを選ぶことにしたのです。

　しかし残念ながら、日本ではまだまだそういった ICT の力を十分に活用したデジタルを基盤とする教育方法やそのためのデジタルコンテンツが教育現場に行き渡っていません。いち早く教師の方々が先端的なデジタル機器を使いこなし、よりレベルの高い教育を実施することを期待しています。

ホモ・サピエンスからホモ・モビリアンスへ

　2012年、人類学を専門とする韓国の大学教授が書いた面白い本を読みました。教授によれば、人類はこれまで2段階にわたる大きな進化を遂げており、現在、3段階目に突入しているとのことです。

　1段階目では、単細胞から長年にかけて細胞分裂を繰り返し、現在の人類の姿であるホモ・サピエンスへと進化したと言います。これは生物学的進化といえるでしょう。2段階目は、文字や言葉を介した教育による進化です。そして、3段階目が、ICTによる「ホモ・モビリアンス」への進化です。

　ホモ・モビリアンスとは、ホモ・サピエンスとモバイルとの造語です。SFの世界には「サイボーグ」という言葉があります。身体と機械が一体化した人間のことです。一方、常にスマートフォンやモバイルPCを持ち歩いている我々は、すでに身体と情報機器が一体化しているといっても過言ではないのではないでしょうか。

　東京に居ながらにして、数万キロ離れた地球の反対側でリアルタイムに起きる光景を、ネットカメラを通じて見ることができますし、インターネット検索を通じて、計り知れない情報を瞬時に引き出すことができます。また、地理的に離れている人とリアルタイムに議論することも可能です。現代人は、インターネットが登場する前の人間にはなかった能力をもつ新人類といえるのです。韓国の大学教授はこの状況を、ホモ・モビリアンスと命名したのです。

　今までの教育方法がホモ・サピエンスを対象にしたものであったとすれば、これらからの教育方法は、ホモ・モビリアンスになりつつある我々の子どもたちを対象にしたものに、抜本的に変えていか

なければならないのではないでしょうか。

　韓国のある小学校に授業参観に行った際の光景を、私は今でも鮮明に覚えています。授業の課題は「我が国の輸出産業について調べよ」でした。

　今までの授業のやり方であれば、先生はまず黒板に教えるべき内容を書き込み、子どもと一緒に教科書を読みながら重要な部分を説明していたことでしょう。これは暗記や記憶を中心とする、いわゆる詰め込み方式です。

　しかし、その日の授業の進め方はまるっきりちがっていました。まず、教師は電子黒板に、改めて作成したその日の授業内容を表示させました。そして、子どもたちに対して、各自が持っているパソコンを使い、電子教科書やネット検索を通じて、我が国の輸出産業に関して調査を行い、グループ別に調査内容をまとめ、発表するようにと指示したのです。すると、子どもたちはいっせいに自分なりの観点で調査を始めました。

　調査を終えると子どもたちは、主な輸出品目として電子製品や自動車などのアイテムをグループごとにそれぞれ一つ決め、PowerPointなどのプレゼンテーション用ソフトウェアを使い、調査した内容を順番に発表し始めたのです。子どもたちは自ら考え、資料にあたり、まとめて、発表をしていました。

　このような授業を通じて子どもたちは、自己主導型の学習方法を身につけることができるというのです。

　もちろんこの方法が良いかどうかについては、教育の専門家が判断することかもしれません。しかしながら、私は、従来の詰め込み方式とはまったく異なる授業方法に接して、自ら考える力を子どもたちが身につけることができると感じました。

　今後、子どもたちはますます、いかに情報を使いこなし、自分の

血肉にしていくかが求められていくことになります。すでにそんな時代に突入しているのです。

韓国の電子黒板、電子教科書を使った授業

韓国EBSがもたらした教育の光と影

　ICTを使った教育そのもののデジタル化は、すべての国において実験レベルだと思います。誰もやったことのない未知の世界への挑戦です。必ずしも韓国が先進事例とは言い切れませんが、韓国の事例から見えてくるものもあろうかと思います。

　私の家庭は貧しかったので、中学時代に親から「お前を大学に進学させるお金はない。高校を卒業したら働け」といわれました。勉強は好きでしたが、この一言で勉強に対する意欲をそがれ、高校卒業後、就職しました。このように、いくら勉強をしたくても親の所得や地域など、その子どもが置かれている環境によって教育格差は生じてしまいます。教育格差は次の所得格差を生み、負の連鎖を招きます。

　このような負の連鎖を断ち切ろうと2004年に始まったのが、韓国の公営教育専門放送局である韓国教育放送公社（EBS）によるインターネット塾「EBSi」でした。年間3000円程度の会費を払えば、大学受験の全科目について、名門塾のカリスマ講師による講義の動画を、インターネットを介して、誰でも、どこからでも受講できることから、急速に人気が高まりました。

　しかし、その結果、既存の塾に通う受験生が激減し、塾の経営者たちから「民業圧迫なので、すぐに中止せよ」との抗議が殺到しました。そこで、野党議員がこの件に関して、国会で与党に詰め寄りました。それに対し、答弁に立った日本の文部科学省にあたる教育部は、「たしかにこの事業は民業圧迫だ。しかし、韓国には親の所得や住んでいる地域を理由に、良質の教育を受けられない子どもたちが大勢いる。EBSiを止めてしまえば、彼らが受ける被害の方が

甚大だ。是非とも理解して欲しい」と発言しました。

この発言は国民の大きな支持を集めました。それにより、EBSiは継続することになったのです。加えて、教育部は、大学のセンター入試の出題範囲を、高校の授業および、この EBSi の講義で教えた内容のみに限ると宣言しました。その結果、6年後の2010年には、EBSi の会員数は350万人を突破。現在も増え続けています。

韓国の国営ネット塾「EBSi」

韓国の社会には儒教が息づいており、教育を極めて大事にしています。東アジアの小国でありながら、また悲惨な戦争の末に廃墟と化した1953年から数えて50年足らずの間に世界的に注目される経済力を付けた理由の一つに教育があります。

ただ、その副作用としてひずみも生まれました。過熱する向学心が裏目に出て、学歴社会になり、学力の差が経済力の差につなが

り、貧富の差を広げる悲しい状況になりつつあります。

　とくに富裕層は親の経済力によって子どもを有名な塾に行かせて集中的に勉強させることができる半面、そうでない家庭の子どもたちは、それらの機会を与えられず上級学校への進学も思うようにはなりません。名門大学に通う学生の大半は富裕層の子どもたちになってしまいました。EBSの事業はネット社会ならではの妙案でした。

　EBSの提供する無償の塾のおかげで全国の学生たちに教育機会の平等は、それなりに提供されているのです。近頃では、田舎に住んでいる子どもが名門塾に通わずに名門大学に入学できるなど、この取り組みの成果が見られます。国際機関が発表している資料などからも、韓国の学生たちの学習能力は毎年高くなっていることが読み取れます。

　韓国政府は、貧しい家庭にはパソコンを無償で提供したり、回線料金の一部を負担したりして支援を行ってきました。韓国では早くからブロードバンド回線を整備していたので、EBSiでは2004年の発足時点から動画を同時に視聴できる人数が10万人に達していました。このようにして、韓国の子どもたちは、ICTによって、教育の機会均等を手に入れたのです。

　さらに、韓国政府は、「サイバー家庭学習」と呼ばれる小学生、中学生、高校生向けのWebサイトを開設しています。同サイトでは、生徒のレベルに合わせて3種類のコンテンツを用意していて、生徒は下校後、自宅で授業の予習や復習を自由に行うことができます。しかも、パソコンだけでなく、スマートフォンを使っての学習も可能です。

　同サイトでは、教師による授業を動画で配信しているため、生徒たちは、授業中とはちがって、自分のペースに合わせて、わかるま

ソウル市教育庁が運営するサイバー家庭学習のサイト

貧しい家庭の子どもも学習する機会を得られるために運営されている国営ネット塾。利用は無料

で何度でも繰り返し視聴することができます。質問がある場合にはメールで送信すれば、回答を返信してもらえます。

また、ソウル市江南区(カンナム)でも、独自にインターネット塾を開設しています。江南区は名門塾が集中し、韓国のなかでも教育面で恵まれ

た区です。同区では区民税を投じてはいるものの、区民だけでなく、全国の子どもたちに向けてインターネット塾を開放しています。塾の年会費は3000円ということで安価に授業を提供しており、現在、会員数は20万人を超えるといいます。江南区では毎年5億円の区民税をインターネット塾に使っていますが、塾の年会費が約3000円なので、なんと年間1億円の黒字だそうです。

韓国は天然資源に乏しいことから、国際競争に勝つためには、優秀な人材を育成するほか方法はありません。日本は韓国よりは大きな国土をもつ国ではあるものの、天然資源が十分にあるとはいえないでしょう。韓国同様、人材育成以外に世界競争に勝つ方法はないのではないかと思います。

日本の「教育基本法」が定める「教育の機会均等」の素晴らしさ

　先日、東京のある会合で教育情報化に関する講演を頼まれ、日本の教育における情報化状況を調べる機会がありました。その調査の過程で、教育基本法に触れる機会があり、大変すばらしい法律であると感心しました。一部抜粋して紹介します。

　教育基本法　第4条（教育の機会均等）
　　1　すべての国民は、ひとしく、その能力に応じた教育を受ける機会を与えられなければならず、人種、信条、性別、社会的身分、経済的地位又は門地によって、教育上差別されない。
　　3　国及び地方公共団体は、能力があるにもかかわらず、経済的理由によって修学が困難な者に対して、奨学の措置を講じなければならない。

　この法律を見ると、日本国民は国内のどこに住んでいようとも、どのような家庭環境や経済環境であろうとも、東京や大阪など大都市と同じような教育環境を与えないといけないと宣言しています。当然ながら、そうあるべきだと思うとともに、これらを実践するために、何ができるか、教育現場では関係者の皆さんが厳しい財政状況のなかで知恵を絞っていることだろうと思います。しかしながら、同時に私は、現在の日本でこの法律通りの教育が実現されているかといえば、必ずしもそうとはいえないのではないかと思います。事実、親の所得によって子どもが受けられる教育の質や量は大きく異なっていますし、都心と地方との間での教育格差は年々広がっているように感じられるからです。
　では、どうすれば、親の所得や住んでいる地域によって生じる教

育格差をなくし、教育基本法がうたっているような、教育の機会均等を実現できるのか……。その突破口がICTにあると思う背景は、これまで述べてきた通りです。

ところで韓国では、授業のICT化を"フューチャースクール"への取り組みの一環として進めています。2011年から、延べ約130校の小学校を「デジタル授業研究校」に指定し、5年生と6年生を対象に「デジタル教科書」を使った授業を行っています。2015年までには、小学校から高校まですべての公立学校にデジタル教科書を配付する計画です。

韓国政府が配るというデジタル教科書のフォーマットはPDFファイルだそうです。従来の紙に刷られた教科書とはちがって、動画やインターネット上の百科事典などと連携させることができるので、学習効果が高まるのではないかと期待されています。

しかし一方で、生徒の目が悪くなるのではないか、集中力が下がるのではないかといったデジタル化による弊害も懸念されています。そのため、数年後の普及期に先駆けて現在、専門家による調査、研究が実施されています。ただ現時点では残念ながら、「デジタル教科書を導入することで生徒の成績が向上した」といった具体的な相関関係を示すデータは得られていません。しかし関係者の一部からは「これまで授業に興味を示さなかった生徒が興味を示すようになった」といった報告もなされているようです。

教える前に教師がまず ICT を勉強する

　さて、ICT を使うのは、生徒だけではありません。生徒に教える教師も学び、活用しています。学校の ICT 化に向けて韓国政府は、1996 年頃から、教師に対する手厚い支援も行ってきました。いくらすべての公立学校で ICT 化を推進しようとしても、教師がパソコンやインターネットを使いこなせないことには話になりません。そこで、全教師を対象に毎年 3 割ずつ、ICT 研修を実施しているのです。教師は研修により、ワードやエクセルなどのオフィスソフトの使い方はもちろん、インターネットの検索に関するノウハウやデジタル教材の作り方などを習得します。

　また、韓国政府は、教育部の下に、韓国教育学術情報院（KERIS）を設置し、2002 年に、KERIS に「教育行政情報システム（NEIS）」を開発させました。

　これは、1997 年に開発した「学校行政管理システム」をアップグレードしたものです。NEIS には、子どもの成績や健康診断結果などの個人情報が記録され、一元管理されます。保護者も実名確認さえすれば、自由に閲覧することができます。小学校から高校まですべての公立学校に対して、韓国政府がクラウドサービスとして無償で提供しているので、生徒が転校したり進学したりしても教員は生徒の情報をクラウド経由で円滑に入手することができます。

　教員は NEIS により事務作業を大幅に削減することができます。その結果、授業の準備など本来注力すべき教育活動に、より多くの時間を費やすことができるようになりました。

　大学入試の際には、NEIS に蓄積された情報が大学側に渡されます。入学関連の提出書類の電子化による作業の効率化も図られてい

ます。これらのシステムの管理は韓国政府が行っているため、卒業証明書や成績証明書を役所や空港に設置してあるキオスク端末から発行する、といったデータの連携が可能です。わざわざ母校を訪ねて各種証明書の発行手続きを行う必要がないことから、就職や転職活動の際などにたいへん便利です。

教育情報システム NEIS の画面　教師用もあるが、学生向け、父母向けのサービスもあるほか、電子申請なども行えるメニュー構成になっている

　一方で、学生の成績という非常に重要な個人情報を、クラウドを介して提供することについて、個人情報保護や情報漏洩などのセキュリティの観点からいかがなものか、と懸念する人々からなる団体が現れました。その声を受けた政府は、1台のサーバーで全学校のデータを管理する仕組みを改め、現在では16ある広域自治体ごとにサーバーをそれぞれ用意、計16台のサーバーでデータを分散管理しています。万が一、何かトラブルが発生した場合には、サーバー同士の接続を切断することで、セキュリティを高めているのです。

教育熱心なあまり、子どもの幸福感が最下位になってしまった韓国

　天然資源が乏しい韓国では人材が最も大切な資源であり、教育を最高の美徳としている一方、学歴社会が進み、貧富の差や地域格差を拡げてしまった、しかしそれをICTの活用で克服しようと努力してきた、と述べました。そのなかで、韓国の学校教育におけるICT化の取り組みについてお話ししましたが、こちらについても、プラスの側面ばかりをもっているわけではありません。

　まず子どもの親について考えて見ましょう。韓国の親は教育熱心で、年収の半分以上を子どもの教育費にあてるケースが少なくありません。少子高齢化が日本以上に速いペースで進むなか、子どもの教育にお金をかけすぎるあまり、貯金が底をつき、老後に苦しい生活を送る高齢者が増えていることが最近、社会問題となっているのです。

　子どもたちは子どもたちで、小学校の高学年の頃から、放課後、学校で22時ごろまで勉強をして帰宅し、さらにその後、塾や習い事に行くといったケースが珍しくありません。しかも、多くが大学院までいくため、学歴による差別化が図れず、就職活動においても熾烈な競争を強いられています。競争に対するストレスから、自殺する子どもも急増しており、これもまた大きな社会問題となっています。

　経済協力開発機構（OECD）の調査によれば、OECD加盟国23か国のなかで韓国の自殺率は1位。子どもの主観的幸福度も連続して最下位だそうです（2016年度も最下位）。

　10年前、このような状況を予想できた私は、自分の子どもだけは感性豊かな人間に育て上げたいと考え、小学校は韓国ではなくて

日本の公立学校に入学させました。しかし、残念ながら当時の日本の公立学校は"ゆとり教育"のまっただなかでした。韓国に比べて学習環境があまり良いとはいえず、教育している内容も"ゆとり"どころか、"ゆとり溢れる教育"だと感じました。

　最近は、ゆとり教育もかなり見直されたとのことですが、当時の勉強時間は、韓国の6割程度だったと思います。また、教員のICTに対するリテラシーも低いと感じました。

　私は、なぜ、日本の公立学校はこのような状況なのだろうかと考えました。そして、韓国と日本の教育制度のちがいに、根本原因があるのではないかと思うようになりました。

韓国と日本の教育制度、大きな2つのちがい

　韓国と日本の教育制度に関しては、2つの大きなちがいがあります。1点目は、韓国の公立学校の教員がすべて国家公務員なのに対し、日本の公立学校の教員はすべて地方公務員だということです。2点目は、韓国の教育委員会の委員長が選挙で選ばれる政治家なのに対し、日本の教育委員会の委員長は教育委員会のなかで選出されるということです（2015年から首長が任命）。

　1点目のちがいが生む、日本の教育における問題が何かというと、都道府県によって財政面で大きな格差があるため、教育基本法第4条の「教育の機会均等」を実現できないという点です。東京都心にある学校は校舎もきれいで、インターネット環境もかなり整備されていますが、地方の過疎地にある学校の校舎はボロボロで、インターネット環境についても満足できる水準が整っているとはいいがたい状況です。

　2点目がもたらす問題はさらに深刻です。韓国では、「教育が最も重要」というのは国民の総意ですので、政治家は皆、教育に関連する活動に熱心に取り組みます。しかし、日本では、選挙の際に投票所に足を運ぶ（政治に関心をもっている）のは若い世代よりも中高年の方が多いことから、選挙の争点としては、教育よりも福祉や年金に対する関心の方が高くなります。これでは、教育改革を第一に掲げる政治家は当選できません。日本の学校教育や教育のICT化への投資は手薄、あるいは後回しになってしまいます。国として教員の人材育成に取り組む前向きな姿勢があまり見えてこないのです。

　前述したように、韓国では、まず、教員の事務作業を軽減するため、政府が「教育行政情報システム（NEIS）」を開発し、無償でク

ラウドサービスとして提供しています。また、毎年全教員の3割を対象に、ICT研修を実施し、教員のICTリテラシーの向上に努めています。

　しかしながら、日本では、教員は日々の事務作業に追われ、元来、最も時間を費やすべき授業の準備にさえ十分な時間を割くことができずにいます。ICTに関する知識や技術を自ら習得する暇はありません。さらに国によるサポートもありません。

学校間で生徒に関するデータを連携できない日本

 実は、日本にも、NEISに該当するシステムはあります。「学務支援システム」と呼ばれるパッケージソフトです。ところが、国がクラウドで提供しているNEISとはちがって、こちらは複数の民間企業がそれぞれ固有の仕様で開発し、全国に3万6000校以上ある公立学校（小・中・高）に、個別に販売しようとしているものです。それゆえ、学校は高額の導入コストを強いられる上、当然のことながら、各企業によって仕様が異なるため、学校間でデータを連携することができません。すなわち、ある生徒のデータを閲覧・操作するには、その生徒が通っている学校に導入された学務支援システムでなければ作業することができないのです。そのため、生徒が転校したり進学したりしたら、再度、受け入れ先の学校側で生徒の情報を入手し直さなければならず、その分の事務作業が発生します。

 学務支援システムのパッケージソフトの価格が1校当たり100万円とし、3万6000校が導入するとすれば、導入コストだけで360億円は軽く超える計算になります。公立学校の財政が非常に厳しいなか、これこそ無駄な重複投資なのではないでしょうか。このような状況を放置しておいてよいものなのでしょうか。

電子黒板を導入する前に行うべきこと

　同様に、電子黒板の問題もあります。「電子黒板を導入すれば、学校教育の情報化が進む」と主張する人もいます。もちろん、何もしないよりは、導入を進めた方が良いともいえるでしょう。しかしながら、電子黒板は、単なるホワイトボードのデジタル版ではないし、巨大なパソコンモニターでもありません。一種のデジタル機器です。それゆえ、すでにかなりの学校が電子黒板を導入していますが、その多くが埃をかぶった状態です。その理由は、電子黒板を使いこなせる教員が少ないからです。日本も韓国同様、まずは、教員にICT研修を受けさせ、リテラシーを高めることから始めなければなりません。電子黒板の導入はその後のことです。

　さらに、電子黒板の機能を発揮できるデジタル教材があるかといえば、それも十分ではありません。デジタル教材を製作、販売しているのが民間企業であるため、コストがかさみ、購入に二の足を踏んでいる学校が少なくないのです。日本では、紙の教科書をスキャニングしてデジタル化すると、著作権を侵害することになってしまうため、それもままなりません。

　一方、韓国では、小学校の教科書についてはすべて国が用意しているので、著作権を気にすることなく、紙の教科書を自由にデジタル化し、加工することができます。また、すでにご説明した通り、韓国では、「デジタル教科書」を2015年までに、小学校から高校まですべての公立学校に配布する計画です。デジタル教科書のファイル形式はPDFで動画やネットと連携したコンテンツも含められるので、学校の授業はこれまでとはかなり異なるものになることが期待されています。

A自治体では全県共通の教育情報システム整備を推進

　このように、日本では、まずは電子黒板を導入する前に、教員の事務作業を軽減すること、そして、教員のICTリテラシーを高めることから着手すべきだと思います。電子黒板用のデジタル教材も、国や地方自治体が、無償で学校に提供するべきではないでしょうか。

　先日、A自治体博物館に立ち寄る機会があり、A自治体の歴史などを学ぶ機会がありました。その際に学んだのはA自治体の前身でもあるB藩のことです。強大な勢力を誇った同藩からは明治維新の折に、日本の改革を導いた方々が多数輩出されました。当時発明された先進技術にはB藩で開発されたものが多いということも聞きました。A自治体に深いかかわりをもっている私は、素直に嬉しい気持ちなりました。しかし、です。近頃のA自治体は当時と比べると、少し活気がないようでさみしい気がします。

　とはいえA自治体では、教育庁内に専任組織を設け、全公立学校を対象に、ICT利活用教育の取り組みを進めています。先述した韓国の「サイバー家庭学習」に相当する仕組み作りを視野に入れたプロジェクトが推進中なのです。2013年3月から、韓国のNEISにあたる学務支援システムを、県内の公立学校のすべてにクラウドで提供すべく、現在、教育情報システムの開発を進めています。私自身もコンテンツの提供など、本事業の推進を積極的に支援しています。A自治体でこの取り組みが成功すれば、他の地方自治体にも徐々に広がっていくと期待しています。

　もはや、情報化社会の波は逆らえない状況です。他県に負けず、いち早くICTの良さを取り入れ、A自治体の学生たちが、楽しく

勉強でき、優秀な人材として育てるよう、教育関係者の皆さんと力を合わせ努力していければと願っています。おそらく、他の自治体でも多かれ少なかれ、Ａ自治体のように考えているのではないかと思います。ですから、あとは、実行するのみです。

世の中を変えるのは人間、その人間を変えるのは教育

　中国では昔、鐘を作る際に祭祀を執り行いました。そこでは角が真っ直ぐに伸びている健康な牛の血を鐘に塗るという風習がありました。ある農民がその祭祀に自分の牛を供えようと考えました。ところが牛の角が少し曲がっていたため、それを直すために角に紐を巻き柱に縛り付け強く引っ張ったところ、引っ張りすぎたために、角が根こそぎ抜けて牛が死んでしまい、元も子もなくなった、という故事があります。角を矯めて牛を殺す、といいます。

　このように、何か、小さい欠点を直そうとしたがゆえに、もっと大きな損失を被ってしまうことは、今日でも少なくありません。

　先日、私の家の近くにあるキリスト教の教会学校に、ポスターが張ってありました。みると道に迷った運転手が小学生らしき子どもに道を尋ねている、という絵です。

　それは、知らない大人から道を聞かれたら、「知りません！」と言って逃げなさいという内容でした。一瞬、そういうご時勢かと思いつつも、本当に世の中はそれでよいのか、大変、悩ましい問題だと思いました。たしかに世の中には悪い大人たちがいることは事実です。子どもたちの安全を脅かすのも事実でしょう。とはいえ、すべての大人について警戒するように締めつけることこそ、弊害が大きいと思うのです。

　子どもたちは、これから育っていくなかで、様々な危険と向き合います。大人から道を聞かれたら、逃げろ！　ではなく、良い大人と悪い大人を感じ分ける能力を育てないといけないのではないか。より根本的な対策を考えるべきではないか、私はそう思いました。

　表面的な教育は結果的に子どもの頃から人に対する不信感を高め

ることになります。大人になってからも他人は常に警戒を要する対象となってしまいます。友愛どころが、殺伐とした世の中になるのではないでしょうか。2001年に大阪府の大阪教育大学附属池田小学校で起きた無差別殺人事件では、犯人が小学校に刃物を持って乱入し、子どもや先生を切り付ける残忍な犯行に及びました。その後、全国の学校では、それらの対策として、学校の外壁を高くし、不審者の学校への侵入を防ぐために、警備体制を補強するなど、対応に追われました。

　先日、ソウル市江南(カンナム)区の小学校へ、ICTを使った教育の現状の視察に訪れたときのことです。訪問した小学校は、ちょうど学校の壁を取り壊しを行っていました。「壁を頑丈なものに作り直すのですか」と聞いたところ、学校関係者から思いもよらない言葉が返ってきました。実は、韓国でも、日本と同様の残酷な事件があったそうです。ただし、対策の仕方は、まるで逆でした。小学校の壁を取り壊し、そこに芝を植え、木を植え、花も植え、近所の住民たちが遊べる場にする工事だというのです。それで、子どもたちの安全が保たれるのか、不審者侵入防止策になるのかと尋ねたところ、「壁を高くしたならば安全を保たれるのか」と逆に質問されました。

　いくら壁を高めても犯罪をおかす人間は、犯罪をおかす。むしろ、壁をなくし、住民の目が届くようにし、子どもたちと地域住民と触れあう機会を増やすのが、より安全で、確実な対策である、というのです。壁を取り払えば、住民と学校や子どもの間に心の壁がなくなるのではないか、という意見まで聞かれました。無論、私は、それらの話はあまりに理想的に過ぎると思いました。100％納得したわけではありません。ただし、理屈としてはそれなりに筋が通っていると思ったのもたしかです。

　改めて、矯角殺牛という4文字熟語を思い出しました。いつの時

代にも、どこの場所でも問題はあふれています。しかし、目先の対策ではなく、問題の根本的な原因を把握し、それにふさわしい対策を立てるべきではないかと、考えさせられます。

コラム① 女性が安心できる社会を目指して

　最近、力の弱い女性や子どもを対象にする暴力犯罪が相次いでいます。世界でも最も治安が良い東京ですが、それでもこのような犯罪を根本的に根絶することは容易なことではありません。治安当局や自治体などが犯罪予防や対策樹立に必死になっているのですが、限られた要員と予算では、増え続ける犯罪を予防するには限界があります。2020年東京オリンピック・パラリンピックで、これから世界に注目を受ける東京としても都民の安心安全な暮らしを守るために一層の努力は必要でしょう。

　同じ課題を抱えているソウルは様々な対策を実施しています。女性がタクシーに乗車し、助手席のヘッドレストに付着されているRFID（Radio Frequency Identification）チップにスマートフォンにタッチするとあらかじめインストールされているスマホアプリが起動して、スマートフォンに登録されている連絡先数か所にメールやショートメッセージが発送されます。内容は乗ったタクシー会社情報、運転手の名前や写真、タクシー免許番号、そして乗車した位置情報などで、しかも、受信者や配信回数や配信周期なども自由に

ソウル市内の安心タクシー。携帯をダブルタッチするとタクシー運転手情報や位置情報をメール送信する

設定できるものです。

　このRFIDタグはソウル市の規定なので、市内を走るすべてのタクシーには義務的にタグをつけることになっています。受験戦争などで、夜遅くまで塾で勉強して帰ってくる娘を待つお父さんや、仕事帰りが遅い奥さんや家族を待つ人々には、非常に安心で便利なサービスとして人気をよんでいます。また、タクシーなどではなく、本文で紹介した深夜バスや地下鉄を利用して帰宅する人々のためにも新しいサービスを提供しています。それが「女性安心帰宅同行サービス」です。

　ソウル市の外郭に住む、金さん（仮名31歳）は夜遅く帰宅するときはいつも人の気配を気にしながら、ドキドキしながら小走りで、自宅に帰る細い道を通ります。地下鉄駅から自宅までは歩いて5分程度で遠くはありませんが、先日から不信な男が自宅周辺で待ち伏せしているのを見つけて、怖くて仕方がないといいます。

　しかし、先月の13日午後11時半ごろ、遅い時間にもかかわらず、金さんはこの町に暮らして初めて、不安がることなく安心して帰宅できました。それは2013年からソウル市が始めた「女性安心帰宅同行サービス」を利用したことで、地下鉄駅で待ち合わせた「女性安心帰宅スカウト隊員」が自宅まで同行してくれたからです。ふだんは深夜に帰宅することは避けてきましたが、仕事の都合や同僚とのおつきあいなどで遅くなってしまったために、「女性安心帰宅動向サービス」に申し込み、そのサービスを受けてみました。非常に便利で安心できることから、これからはたびたび利用したいと思っているといいます。

　女性の安全な帰宅道を守るためにソウル市が2013年5月から実施している「女性安心帰宅同行サービス」が女性のあいだで人気が高まっています。このサービスを利用した女性はサービスが開始された2013年の3万1587名から2014年には10万2139名に急上

昇しているとソウル市の担当者はいいます。利用方法は極めて簡単で、待ち合わせ30分前までにソウル市のコールセンターか各区役所の状況室に電話を入れれば、「女性安心帰宅スカウト隊員」を待ち合わせ場所に送ってくれます。スカウトの活動時間は午後10時から翌朝1時までの3時間で、それぞれが弾力的に運用しています。ソウル市は2015年からサービス利用対象を女性から青少年までに拡大しました。

「女性安心帰宅同行サービス」の利用者が増加しているということは、女性が安心して夜道を歩けない場所が多いという反証でもあります。韓国の大検察庁の犯罪分析によると2013年に発生した性暴力犯罪2万6919件中、42.5％が夜の時間帯である午後8時から翌朝午前4時までのあいだに発生し、4969件（全体の18.5％）が住宅街の細い道などで起きています。サービス担当者からは家が近くても通行人が少ない道であれば、遠慮することなくサービスを要請したほうがいいと積極的な利用を促しています。

2015年、現在、ソウル全駅で活動するスカウト隊員は420名であり、毎年、新しい隊員希望者を募集していますが、けっこう人気があり、2015年の競争率は4.12倍だったということです。隊員は厳格な審査を経て選抜されます。申請書と犯罪経歴証明などの書類審査を経て、面接、身体検査に合格しないとなりません。もちろん、警護や警備、武術関連経歴や関連資格証の保有者は優遇されます。選抜後には4時間以上の職務教育と1回以上の人文学の教育を受けなければなりません。週5日勤務で、一日3時間努めて月給75万ウォン程度が支給されます。ソウル市関係者の話によると現在活動中の隊員、420名にうちに40~50代が310名で73.8％を占め、性比率としては女性が361名で圧倒的に多いといいます。

最近、ストーカー関連殺人事件を含め、凶悪犯罪が頻発しており、力の弱い女性や子どもを対象にしている様々な犯罪ニュースを

聞きます。その卑劣極まりない行為には怒りがこみ上げてきます。しかし、それらの事件は未然に防げないものでしょうか。もちろん、広い都市全域を限られた警察力だけで守り切ることは容易なことではありません。また、犯罪が起きてしまい、実際、犠牲者が出てしまった後、犯人を逮捕したとしても、犠牲者が受けた被害がなくなるわけではありません。何より大事なのは被害を未然に防ぐことです。

　そのために、あの手この手で対策を講じることは当然なことです。しかし、すべてにおいて予算が必要なものであり、予算を投入して対策を立てたとしても必ずしも効果があがるとは限りません。情報化社会に生きている今の時代、ICTインフラや技術などを十分に利活用して、最低限のコストで最大限の効果をあげる、あらゆる対策を講じて住民が安心して暮らせる都市、安全に暮らせる都市を目指してほしいものです。

第3章 医療

スーパードクターと医療難民

　私は、5年にわたって日本にある大手私立病院のITアドバイザーを務めました。現在はA自治体の情報企画監、C市のCIO補佐官として、日本の公立病院の状況を行政内部からつぶさに見ています。一方、韓国の病院についても、これまで何度も多くのかたたちと一緒に取材・視察する機会を作ってきました。そうした経験のなかで、日本と韓国における公立、私立病院の経営的な側面からちがいを感じることが数多くありました。なかでも、医療事業の多角化やグローバル化、そして医療情報化については大きな差があります。

　韓国では1997年の経済危機以来、医療産業の再編が行われました。病院の大型化、民間企業の病院経営参加、中小病院同士の連携などの規制改革が行われました。医薬分業と保健医療財政の抜本的な運営改革はその事例の一つです。そうして韓国では、大型の病院が相次いで誕生しています。このような病院建設ラッシュの背景にある理由も本章で明らかにしていきたいと思います。

　日本のいろいろな病院で話を聞くと、景気のよい話をあまり耳にしません。厳しい経営状況に置かれているところが多いようです。首都圏のある中核市では、市立病院を潰す、潰さないが市長選挙の争点となっていました。

一方で、海外から患者さんを呼び込む「医療ツーリズム」に力を入れている病院が増えています。日本には、すばらしい名医がたくさんいます。テレビ番組でもその腕前がよく紹介されています。
　ところが、そうした話題の陰で、救急患者がたらい回しになっている現状があります。急病の患者がどこの病院からも受け入れてもらえず、亡くなってしまったという悲しい話も聞きます。
　スーパードクターが脚光を浴びる半面で、普通の病気でも治療を受けられずに亡くなる方がいることに、私は矛盾を覚えます。国民がきちんとした医療サービスを受けられない状況なのに、海外から患者さんを呼び寄せる余裕はあるのでしょうか、と。
　なぜ、救急病院が患者をすぐに受け入れたがらないのでしょうか。その一因には、救急患者ではない軽症の患者さんが簡単に救急車を呼んで救急室を埋めてしまい、受け入れたくても受け入れられない、という問題が指摘されています。そして、それだけでなく、既往症や薬の禁忌などのわからない患者の治療がむずかしく、失敗すると病院が訴えられるリスクがあることも一因であるといわれます。それでも現場の救命士は、経験と観察力を生かして懸命に治療にあたっています。
　しかし、いかにプロとして優れた医師や看護師が担当しても、何十秒かの時間の遅れやわずかな判断ミスが患者の命取りになります。もしそこで、他の病院で作った電子カルテが手に入り、過去の治療歴などが少しでも把握できれば、緊急度の高い患者の選別や、より的確な判断が可能になり、医療機関が負う大きなリスクを減らすことができます。政府の発表を見ると、将来的なビジョンとして医療連携の実現が掲げられています。あらゆる病院に電子カルテが導入されれば、必要な医療用データをすぐにでも共有できるような書きぶりです。さらには医療機関における電子カルテの導入に補助

金まで出そうといわんばかりです。ただ、現実の問題が、電子カルテの導入だけですべて解決するわけではありません。

それでは、問題解決のために、どこから手を付けていけばいいのでしょうか。ポイントは3つです。

1つ目は、病院経営を立て直すことです。そもそも経営がしっかりしていなければ、設備を導入したり、スタッフを雇ったりすることもできず、医療機関はきちんとした医療サービスを提供することはできません。

2つ目は、医療政策の効率化です。国の医療財政は逼迫しています。高齢者が増加し、医療費に対する公的支出が毎年1兆円ずつ増えると言われています。ところが税収は思うように増えていません。日本の医療は、皆保険制度です。日本をモデルにした韓国の保険制度も同じです。患者が医療サービスを受けると、その医療費の一部だけを患者は負担すればよいわけです。各病院は残りの費用を国の医療保険に請求します。ただ、その処理の効率性は日本と韓国においてちがいます。日本では、この処理にかかるシステムに公的なお金がずいぶん投入されています。それを節約するだけでも、公的支出を減らすことができると思います。

3つ目は医療とITの連携です。電子カルテを導入した病院は恩恵を受けているでしょうか。それどころか、むしろ、病院に訊くと、かえって仕事がたいへんになったという声さえ聞かれます。といっても、皆さん電子カルテそのものを否定しているわけではありません。しかし、日本における電子カルテシステムは、メーカーごとに仕様が異なり、データの共有が非常にむずかしいのが現状です。本来の導入目的と手段がちぐはぐな印象を受けます。

病院における経営とは

　韓国にも、大規模な基幹病院と小規模な診療所、クリニックがありますが、どちらにしても、日本と同様、公益法人として扱われます。法律上は、営利法人化してもかまわないのですが、本書の執筆時点で韓国ではいまだに営利法人は誕生していません（2015年に外国系の営利法人が誕生しました）。

　病院が公益法人であれば経営がうまくいかない場合、国の財政で埋め合わせをしてもらえます。だからといってずさんな経営をして、税金を投入する事態を招けば国民からの批判を免れることはできません。病院を自立させないと、国の財政がボロボロになってしまいます。

　さて、日本の病院についてはどうでしょう。私が見る限り、経営に対する知見をもっている医師はほとんどいないようです。医療については高い見識をもっているのですが、経営については疑問をもたざるを得ません。

　一般的に昨今の会社では、経営者は毎日、自分の会社の収支がわかるようになっています。先月の黒字または赤字額がどれくらいなのか、全部わかります。なぜ、わかるかというと、人事給与、財務会計、販売管理などのシステムが互いに連動して、リアルタイムにデータを集計できるからです。それを実現するのが ERP（Enterprise Resource Planning）というソフトウェア製品です。人事、会計、営業などのシステムを連携するパッケージ製品を国内外のメーカーがこぞって出しています。

　一方、病院には、電子カルテ、オーダリングシステム、レセプト（診療報酬明細書）電算処理システムなど、いろいろなシステムが

あります。しかし、それらが有機的に連携されて、必要なときに必要な情報を見られるようになっているか、というと果たしてどうでしょう。電子カルテ、オーダリングシステム、レセプト電算処理システムなどのデータが連携されているケースは実は少ないのです。

　これは企業でいうと、人事給与システムは給与を払うためだけ、財務システムは入出金のときだけに使われる、といった形で単一用途に使われているのと同じことです。業務ごとにシステムが縦割りになっているのです。そういう意味で、日本の病院経営はまだ一般企業のレベルになっているとはいいきれません。

部署別のシステムを統合化

　日本にかぎらず、韓国を含めた諸外国では、病院業務は大きく3つの業務からなります。

　1つ目が、医務記録、診断業務、映像診断、遠隔診療などの「診療業務」です。電子カルテを含む、医療行為そのものを支援するシステムが利用されます。

　2つ目が、「診療支援業務および保険請求などの業務」です。診療案内、OCS（処方箋伝達システム）、PACS（Picture Archiving and Communication Systems：医療映像管理システム）、EMR（Electronic Medical Record：診療記録管理）、臨床研究支援システム、意思決定システムなどを利用して業務を行います。

　3つ目が、「一般病院系業務」です。これは、人事給与や財務会計などのバックオフィス系のシステム、あるいは、メールやオフィス文書を作成するソフトウェアなどを総称するシステムからなる業務です。

　このような様々な業務を支えるシステムは、2段階で発展してきました。まず、病院内のそれぞれの部署が個別にシステムを利用して業務を行う第1段階、次にこれらの個別システム間のデータをネットワーク越しに連携させる第2段階です。

　部署ごとの個別システムを一つに統合化し、戦略的な病院経営の道具としての役目を果たすシステムが、病院情報システム（HIS：Hospital Information System）です。

　日本と韓国とを一概に単純比較するのはむずかしいのですが、韓国では大手病院から町なかのクリニックまで、日本よりもHISが幅広く普及していることはまちがいありません。韓国では、病院経

営や診療業務の効率向上のために、とくに医療情報システム分野に莫大な投資を続けてきました。

4つの「Less」

　国立ソウル大学病院の病院紹介パンフレットには「4 Less」という言葉が書かれてあります。この4 Lessとは何を意味するのか、当時院長だった李氏に質問したところ、フィルムレス、スリップレス、チャートレス、シームレスの4つのレスだと教えてくれました。これは、HISの究極の姿といえます。

　このなかでフィルムレスについては、ソウル大学病院でも従来、レントゲン、CT（コンピュータ断層撮影）、MRI（磁気共鳴画像検査）、PET（陽電子放射断層撮影）、心電図など検査機器にはそれぞれのベンダーから提供されるファイリングシステムを使い、データを管理していたそうです。しかし、技術の発展に伴い、国際標準規格であるDICOM（Digital Imaging and Communications in Medicine）規格を用いたインターフェースを利用して、院内に存在する100種類以上の各種検査機器システムを一つの映像管理システムで管理するFull PACSに移行しました。これにより、フィルムレスが実現しているのです。

　医療現場におけるフィルムレス化は韓国の国策でもありました。1990年度後半から、韓国政府が立案した医療情報化計画により、医療保険のEDI（Electronic Data Interchange：電子データ交換）化が進められました。その実現のために先行して対応すべきものとして、保険請求事務の情報化と、それらに伴う医療映像の情報化が選定されたのです。

　とくに、国策課題として前述のPACS（医療映像管理システム）が選定され、大学や企業などが、国の特段の支援のもとに活発な研究開発に取り組み、世界的な競争力を有する製品の開発を進めまし

た。ところが、病院の医療情報化が思うように進まず、需要も思うように拡大しませんでした。

その理由の一つが、インターフェースの問題です。旧来のPACSは、CTやMRIといった医療機器と接続、連携するための仕様が標準化されていない、各メーカーが独自に開発・提供するPACSでした。そのため、各システム間の連携をするために医療機関側に多くの費用がかかりました。この問題を抜本的に解決するために国が推し進めたのが、前述したDICOMの活用によるデータの共有です。このおかげで病院側では飛躍的なコスト削減につながりました。

さらに、韓国政府は標準インターフェース仕様のPACSを導入する病院に対しては、医療保険の請求の際にインセンティブを与える措置を整えました。病院側がPACSへの投資費用を短期間に回収できるような仕組みを導入したのです。その結果、多くの病院で標準的なPACSが導入されるようになりました。標準的なPACSを開発するメーカーからなる業界も息を吹き返しました。これらのメーカーは韓国国内だけでなく、さらなる研究開発に推進できる環境が整ったことで、海外市場向けの標準的なPACSソリューションの開発、生産に力を注いでいます。

ソウル大学病院では、フィルムレスだけでなく、さらに、オーダリングシステムから発生するスリップをなくして、請求EDIを利用し、あらゆるシステムを電子的データで連携することができる「スリップレス」を達成しました。そして、診療記録を紙のチャートに記録せず、直接コンピュータに入力することでチャートをなくす「チャートレス」まで実現しました。その結果、業務と業務の間に余計な人手が介在しなくなり、継ぎ目がなくなって業務効率化が進む「シームレス」が実現したのです。そもそもこのソウル大学病院は、設立当時からいわゆるデジタル病院を標榜して設立された病

院でした。その目的に向かって徹底的に4 Lessを追求しています。こうした動きは他の病院からも注目され、波及しつつあります。

患者はお客様

　近年、モンスターといわれる患者さんが増え続けているようです。救急車をタクシー代わりに呼ぶなんて言語道断です。そうした患者さんは除くとしても、そもそも医師は、どこからどこまでを患者さんとしてみているでしょうか。

　患者さんは、病院にとっては、救わなくてはいけない人たちですが、現実的な側面として病院経営において収入源となるお客様でもあります。

　患者さんには外来だけではなく入院する方もいます。入院患者に面会に来る家族や友人もいます。病院には、患者さんだけでなく、医療に従事する職員、出入りをする業者もいます。彼らもある意味、病院の食堂やサービスを利用してくれるお客様、という見方もできます。韓国と日本の大きなちがいの一つは、韓国ではこれら病院に訪れる人をお客様として捉えている、ということです。

　韓国のセブランス病院は、2255の病床をもつ大型病院です。延世大学の付属病院という位置づけですが、大学より先に設立され、韓国では最も古い歴史をもつ病院です。韓国で最初に JCI（Joint Commission International）認証を受けたことでも知られています。

　この病院のワンフロアには、日本のデパートを想い起こさせる規模のショッピングモールがあります。そこには薬局だけでなく、食品を売るスーパーマーケット、旅行会社、書店、花屋、いろんなお店があり、たくさんの人が行き来しています。患者さんだって本を読みたいし、買い物もしたい。女性であれば綺麗な格好もしたい。入院していながらも、銀行取引や証券取引もしたい。それらのニーズを韓国の病院は満たしています。

セブランス病院にある食堂のメニュー　洋食、中華料理、韓食などがある

　病院のなかの食堂は、価格帯が手ごろな店もあれば、高級レストランもあります。メニューも洋食、中華料理、韓食と幅広く用意されています。業者や面会客はそこで食事をすることができます。お酒を出すお店もあります。一見、患者さんの健康によくなさそうな料理もメニューに載っています。なお、韓国のほとんどの病院が、最上階にスカイラウンジを設置しています。そこには富裕層が利用するホテルのスイートルームのように1泊30万円といった最高級の部屋もあります。もちろん、いつも埋まっているわけではありませんが。ほかにもVIPクラスの患者が利用できる応接室、会議室などがあります。

　私は、東京にある有名な私立病院にITアドバイザーとして経営改革に関わったことがあります。しかし、その有名な私立病院ですらも、面会に来た人の多くは昼時や夕時に病院の食堂で食べようとしていませんでした。そもそも病院は備えつけの食堂を経営における「稼ぎ頭」とは考えていません。従業員向けの食堂を開放している、といったくらいに考えているようです。

セブランス病院のVIP入院室（保険適用なしで入院費は1日20万円）

　さらにセブランス病院のショッピングモールのなかには、証明書自動交付機が設置してあります。病院に来た時に必要になる各種証明書を、役所まで行かずにこの自動交付機を利用して発行できるのです。しかも全国どこに住民登録がされていてもこの機械ですべての自治体に対応が可能です。

　このようにそこかしこに発想のちがいがあるのです。

　実は、韓国でも1990年後半から、IMF経済危機の影響で国民の生活が疲弊し、一般庶民は毎日の生活すらもままならない深刻な打撃を受けました。病気にかかっても、病院通いを不要不急なものと見なすようになり、医療需要が激減しました。そもそも景気悪化の影響もあり、医療機関の経営が日に日に悪化し、病院業界は再編せずには生き残れない状況に追いこまれたのです。多くの病院は廃業に追い込まれたり、ほかの病院に統合されたりするなどの試練の時期を耐えました。そうした経験を踏まえて次第に患者や面会客や業者を含む病院の多くの利用者は、病院にとってのお客様であり、お客様である以上提供するサービスの質向上に努めなければならないと考えるようになりました。

　セブランス病院では、毎日訪れる1万人の患者を捌くために、状況に応じて診療室をいくつ設置すべきか、各外来にどの医療スタッ

フを配置するかを判断していきます。混雑が生じ、待ち時間が長くなると、診療室を増やして、新たに医師を割り当てるといった運用が行われています。

　行われる手術の数も毎日膨大です。セブランス病院のオペレーションルームでは、手術室の空き具合から術中なのか術後の後片付けをしているのかといった利用状況までわかります。ベッドの現況も一元管理されています。院内の外来や救急といった各部署と情報を常にやりとりしているのです。

　検査などで使われるCTやMRI、PET、X線装置といった医療機器などの設備に関する利用状況も可視化されています。どの設備が空いているのか、埋まっている場合は待ち時間はどれくらいか、リアルタイムにつかめます。

　セブランス病院に限らず、韓国の大規模病院では、急患を除い

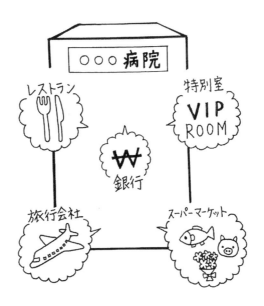

て、ほとんどが予約制診療です。Webや電話などで予約しておいてから来院するので、受付は小さなものしかありません。待合室も大した広さがありません。患者は直接、予約した時刻に診療科の外来を訪問します。

　処方箋をもらう場合には、外来ごとに設置された専用の発行端末を使います。現金やクレジットカードを入れて治療費や薬の代金の支払いを済ませると、処方箋を入手することができます。

　日本の病院では、院内に収納という係がありますが、韓国の病院にはそれがありません。薬だけを欲しいのであれば、タッチパネルを操作し、住まいの近くにある薬局で手に入れることもできます。処方箋のデータが薬局に飛んでいくからです。薬局に着くころには、薬が出来上がっています。韓国の大手病院はどこもこれと同じような仕組みを採用しているといいます。

　日本の病院には受付や収納などの係があり、お客様である患者が氏名や番号で呼び出されるのを待っているという光景が一般的です。企業の経営者だったら、どう考えるべきでしょうか。

手書きの請求書をパンチャーがシステムに入力

　日本は皆保険制度です。公立病院の場合、都道府県ごとに運営されている国民健康保険団体連合会（国保連合会）という組織を通じて、患者の医療費の請求・清算が行われています。

　私立病院の場合は、それぞれのグループ企業ごとに健保組合という組織をもっており、そこでお金の処理が行われます。このお金の処理に関わる人の数はどれくらいでしょうか。全国の民間企業、公共系の仕事に関わる人を全部合わせると、おそらく膨大な数にのぼると思います。

　どの病院にも、レセプト電算処理システムがあります。そのシステムによって、治療の内容に応じて、患者本人の負担金がいくらで、国の医療保険からはこれだけ支払われるという計算が行われます。病院には、国保の被保険者である患者を診療した場合は国から、また健康保険の被保険者であれば企業から、請求した分のお金が振り込まれます。

　しかし、日本では、このソフトを病院が購入しないといけません。しかも毎年のように、医療保険制度の改正があるためほぼ毎年修正しないといけないのです。その費用も病院もちで、ベンダーに毎年のようにお金を払っているのです。

　他方で、電算といいながら、紙で請求する処理もあります。全部が全部電算化されているわけではないのです。紙で書かれたものについては、パンチャーにお金を払って、あらためてシステムに入力してもらいます。内容は複数の担当者でクロスチェックをします。この紙の請求処理については、一枚入力するのに120円くらいの費用をパンチャーから病院側に請求されます。一件の請求レセプトを

クロスチェックするには240円くらいの費用がかかります。

　その後、病院側に国などからお金が振り込まれますが、数か月ほどかかります。かなり長い時間です。

　こうしたレセプト電算処理システムを日本では何千という病院が買うわけです。導入費用だけなく、法改正にともなうメンテナンス費用、また紙の処理にともなう人件費の発生、請求した金額が振り込まれるまでのタイムラグ、などが病院の運営を圧迫する要因になっています。

韓国では、請求処理を100％電子化している

　一方、韓国では、健康保険審査評価院という組織があります。1600人規模の組織です。韓国でも日本と同様の皆保険制度であり、国民の医療費は3割負担です。日本の医療保険制度をお手本にしているからです。

　健康保険審査評価院では、全国の病院に対して、保険請求するアプリケーションに備わったインターフェースの仕様に関する情報を無料で開示しています。そのため、レセプト電算処理システムを病院が個別に買う必要がありません。法改正にともなってシステムを修正するお金も病院側が個別に負担したり、ベンダーに依頼して改修してもらったりする必要がありません。まとめて、健康保険審査評価院側で修正してしまうからです。

　韓国では請求処理がほぼ100％電子化されています。請求レセプトの内容チェックもほとんどコンピュータが行っているので、1か月経つとお金が振り込まれます。怪しいケースだけ、人間が細かく検査します。

　実は、一部の医療機関では健康保険給与の不正請求や過多請求などの問題が発覚しました。そこで2011年5月以降はこのような問題のある医療機関については、保険福祉部のホームページに6か月間、その名称を掲載することになりました。不正を行った病院からの保険請求に対しては審査をすべて手作業で行います。結果的に健康保険療養給与の支給期間を大幅に遅延させるという処罰の意味合いをもたせているのです。

　ソウル大学病院のスリップレスのところでも触れましたが、この健康保険EDI事業は、医療費の請求、審査、支給業務を一連のも

のと考えて、オンライン化したものです。病院が、コンピュータに入力された診療費請求内容を紙に出力せず、電子文書の形態のまま通信ネットワーク経由で転送、請求します。健康保険審査評価院では審査システムが受け付けた請求内容を審査します。審査が終了すれば支給されます。

2009年12月末時点ですが、8万221か所にある全医療機関中96.7％が電子請求方式を選択するなど健康保険診療費請求の情報システム化は大きく進展しています。

保険請求を審査する側としては、請求内容の審査業務が大幅に減少するなど業務の効率化につながり、病院側は請求から支給までの期間が短縮されることで資金運用の面でメリットがあります。診療報酬の請求は一般の中小病院、クリニックにおいてもほぼ100％近くオンラインで行われています。

健康保険審査評価院は、保健福祉部傘下機関で、2010年基準で職員数は1594名を数えます。そのうち審査職員は984名、電算担当者は155名で運営されています。この健康保険審査評価院が取り扱った審査決定件数は、2010年実績で13億782万7000件、金額では48兆9158億ウォンになります。

一方、日本の病院では、各院が個別にレセプト電算処理システムを購入、修正する費用を負担しています。さらに、国保連合会を中心とする膨大な請求処理の人件費、そして振り込まれるまでの時間の長さが課題です。この3つの課題を解決するには、コンピュータを使った新しい仕組みにさすがに移行しなければならないのではと思いますが、なぜかそうなっていません。国民は高い保険料を負わされ、患者は待たされ、病院も苦しんでいるのが現状です。

「EMRの利用に反対する医師はこの病院を去りなさい」

　これまで述べてきたように、韓国の病院では、民間・公立を問わずITを扱う情報システム部門はプロフィット・センターと捉えられています。オペレーションルームの構造や機能、運営などを見ればおわかりになろうかと思います。一方、日本では多くの病院における院内の情報システム部門は、どうもコストセンターと思われているようです。

　お金をもうけるための手段として情報システムおよび部門の人材を使うか、節約するために使うか、これは大きな考え方のちがいがあるといえるでしょう。

　韓国では、戦略的な病院経営を実現するために、部署ごとのデータを統合的に活用する病院情報システム（HIS）については、院外のベンダーが開発したパッケージを使うことはまずありえません。

処方箋の発行や診療費の収納などができる機械

コンピュータは自前で作るのが基本です。なぜか。ほかの病院と戦略的なちがいを生み出すためです。

　システムを作るには、まず、業務の流れを洗い出します。外来診療であれば、Webや電話での予約から、来院してからの診療、各科で行われる各種検査、治療、薬の処方、会計など、その流れは非常に複雑です。既製服を着るように、作り置きされたパッケージ製品を導入するとすぐに仕事を始められる、というように単純にはいきません。実データを投入するデータベースの項目名の設定といった事前準備がまずは必要です。その上で本番稼動前に実データを入れてみて、きちんと動くかどうかをテストしてみないといけません。パッケージ側のやり方と現場の業務の流れがちがう場合は、仕事のやり方をパッケージのほうに合わせるのか、パッケージ側をカスタマイズするか、検討する必要があります。画面や帳票の機能や画面のデザインも、出来あいのパッケージ製品では現場の好みではないかもしれません。そんなことでいちいち細かいカスタマイズをしていては結局時間もかかります。最初から病院の業務に適合したシステムを利用者の目線で一から作ってしまうほうが、やりたいことを実現できる満足度の高いシステムになります。

　韓国の病院が医療情報化に熱心なのは、システムは医療行為の一部とみなせるほど重要なものであると捉えているからです。病院の規模が大きくなればなるほどその傾向が強くなります。それぞれの病院の経営者は、自分たちの病院の特徴や中長期の経営戦略に基づいて情報化推進計画を立て、医療関係者（医師、看護師、技師）による業務プロセスの策定、要件定義、基本設計を経て、独自開発または外部委託でシステム開発を行い、そのシステムを病院独自の情報システム部門が引き受け、継承発展させています。

　先日、見学した某病院の情報システム室長（医師）によると、「医

療情報システムにおいて何より大事なのは診療関連システムの設計や開発であり、これらは医療行為そのものに多大な影響を与えるものだ。医療情報システムの役割は、複雑な計算を処理させる単なる電子計算機ではない」といい切っています。こうした意識から韓国では、医療情報システム開発専門企業を医師自らが経営しているケースが多いのです。

　他方、日本では病院情報システムを医療従事者が行う業務を効率化するため、いわば電算システムの一環として作っています。この点がまったくちがいます。

　ただ、韓国の病院でも当初、HISを導入する際には様々な抵抗に直面し、たいへんな思いを味わったようです。

　私が視察に行った病院のひとつにアサン病院があります。現代グループの資本が入っている病院ですが、ベッド数が2680ある大規模な病院です。一日に訪れる外来患者は1万人。スタッフだけでも8000人、面会に来る人は一日2500人ほどに達します。その他、出入りの業者もいます。

　一日の流動人口が5万人におよびます。それだけの規模の人が動くので、街にある百貨店やスーパーマーケットに匹敵します。

　そのアサン病院では、毎日のように決算をしています。どの医者がどれくらい儲けたかもすぐにわかります。かかったコストを計算するためにABC（Activity Based Costing）分析を行っているのです。

　コンビニエンスストアなどの小売店には、POS（Point of Sales）というシステムがあります。バーコードリーダーやPOS対応のレジを用いて、どの商品がどのタイミングでいくつ売れたのかを瞬時に本部側で把握することができます。このアサン病院におけるPOSシステムで把握・管理しているのは、治療の状況なのです。

　オペレーションルームの壁一面に掲げられた大きなディスプレイ

アサン病院地下にあるデパ地下、ならぬ病院地下スーパー

を見れば、各科の外来にどれだけ患者が訪れているのか、リアルタイムにチェックすることができます。

このアサン病院のミン先生が一番記憶に残ったエピソードとしてこんな話を聞かせてくれたことがあります。

「当初、病院情報システム、電子医務記録管理（Electronic Medical Record）を導入した際、年配の医師から『タダでさえ忙しいのに、コンピュータに不慣れな医師たちに操作を覚えさせて、使え、と一方的に言われても困る』とかたくなに拒否され、やむなくシステムの適用を一時期中断したのです。しかし、今は亡き現代グループの創業者だったチョン・ジュヨン会長が病院を訪問し、全職員を集めて、『EMRを使えないと思う人は、この場で医師のガウンを脱ぎ、辞表を出して去ってほしい』と一喝しました。これには誰も反対できませんでした。この出来事が病院情報システムを進める大きなきっかけになったのです」と教えてくれました。病院経営を成り立たせる以上は、情報システムを活用する意志を、経営トップが周囲

にはっきり訴えることが大切なのです。

アサン病院の POS システム

標準電子カルテを全国に販売

　韓国では病院内に情報システム部門が設置されているのが普通です。アサン病院だと70人以上のスタッフを抱えています。そのスタッフが病院情報システムの開発を主導しています。

　日本の場合は、病院自らが自分たちの手でシステムを作ることはほとんどありません。ベンダーが提供するパッケージ製品を使っているだけ、という状況です。情報システム部門があっても院長の指示や診療科の医師から何かを言われて、ベンダーに電話をかけたり、返事をもらったりするコールセンターの役割しか果たしていません。それでは、人材を増やすと単純に人件費がかさむだけだと思われます。システムの導入や改修を外部任せにするので、経験もノウハウも蓄積されず、ますます院内で開発する力が失われていきます。日本の病院に導入されているのは、公立でも民間でも、ベンダー独自の仕様をもつ製品が主流で、異なるベンダー同士の製品を連携するには、相当な努力が必要です。

　病院において、電子カルテの重要性の一つは、医療情報の共有による臨床研究の発展にあるはずです。しかし、日本の電子カルテの大半はそれに貢献していません。情報システム部門を院内のプロフィット・センターと位置づけている韓国では、新しいシステムにすることで、他の病院との差別化をはかり儲けにつながっています。

　具体的に韓国の公立病院の例を見てみましょう。日本の東大医学部附属病院に相当するソウル大学病院が、Easy Caretech社という子会社を設立して標準電子カルテパッケージ製品を作らせています。そして、それを全国の公立病院に売り込んでいます。公立病

院での普及が進めば、病院同士でのデータ交換が行える土台ができることになります。韓国では、外科で治療を受けた後で内科に転院し、最終的に介護を受けることになった、という場合には、医療や介護の情報も患者と一緒に転院先や介護事業者へと移動していきます。

　日本でも韓国でもやがてはEHR（Electronic Health Record）の導入に向かっていくと思われます。ただ、韓国では少なくとも公立病院の電子カルテは標準化される方向にあるので、データを統合しやすい環境といえるでしょう。

　韓国では、病院が、病院情報システムの開発を行い、システム会社を作ることが珍しくありません。これは病院経営の安定化にも寄与しています。日本でも亀田総合病院で同じような取り組みをしています。

　なお、一般の中小病院、クリニックが導入している電子カルテについては、クラウド事業者が提供するASP（Application Service Provider）型のサービスがあります。利用料だけ払えば使えるので安価です。

医療品質評価システム、
医薬品使用状況確認システムの導入

　前に書いた医療保険審査評価院は保険請求に関連して多くの医療情報を集めることができます。じつはその情報を利活用して、韓国では様々な政策に活用しているのです。そのなかでも重要な２つを紹介します。一つは、各医療機関の医療品質を評価し、医療サービスを受ける顧客である国民に病院選択に必要な情報を提供するための医療品質評価システムです。もう一つは、同一の医療機関の複数の外来、もしくは複数の医療機関から処方箋が発行されても、複数の薬の相好作用により患者に致命的な副作用が起こらないように、さらに医療機関だけでなく、他の薬局から薬を処方された場合でも、対応できるように病院と薬局をネットで結びオンラインで

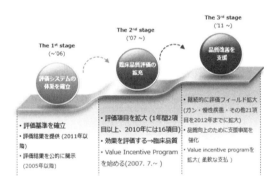

品質評価の発展段階（保険審査評価院資料をもとに著者が作成）

チェックできる医薬品使用状況確認システムです。

　まず、医療品質システムは医療行為の一般的な品質を高めるとともに病院別の医療品質格差をなくすために作られたシステムです。医療行為や医薬品の費用対比効果と妥当性の確認を行うもの

として、作られました。システムの発展段階を整理すると第一段階は2006年からの品質標準作成、第二段階は2007年から評価項目を拡大し、16項目の疾患を対象にしました。第三段階は2011年からであり、対象になる疾患としては癌、慢性疾患、その他21項目を2012年まで拡大し、いまも継続的に品質評価基準の範囲を広げています。

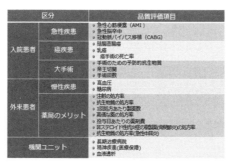

2012年現在　品質評価項目（保険審査評価院資料をもとに著者が作成）

　また、品質分析結果の活用について、政府は政策開発のための情報として、医療機関は品質評価内容をフィードバックしてもらえることで、他の医療機関との自院の品質レベルを確認して、弱い部分での対応に役に立て、医療審査評価院としては医療機関ごとの診療の質や請求内容の信頼性の確認ができると説明しています。さらに患者には医療機関別の客観的な実力がわかるので、病院選択に非常に役に立つシステムといえます。

　風邪にかかった患者に対する抗生物質の処方率を分析した図を紹介します。

　図によると、もっとも抗生物質処方率が高かったクリニックの場合では、2002年72.9％から2012年には46％に下落し、26.9％も処方率が下落、第3次診療機関である総合病院の場合抗生物質処方率

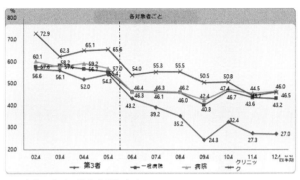

風邪患者における抗生物質処方率

抗生物質処方率

が2012年56.6%から2012年には27%に下落、特に医療品質評価システムが本格稼働を始めた2006年以後は下落率がはっきり現れるなど、医薬品の誤濫用による健康被害や医療財政の負担を減らせることができたといえるでしょう。

この医療品質評価は写真のとおりスマートフォンなどでいつでも、どこでもすぐに調べることができるので、患者が医療機関を探すときにとても役立っています。わかりやすくいってしまえば、医療機関のミシュランガイドです。

一方、医薬品使用状況確認システム（DUR）は、外来に来た患者への薬の処方の際に仮に一つの医療機関内では一人の患者に対して複数の診療科が薬の処方状況を共有でき医薬品の誤濫用を防げる

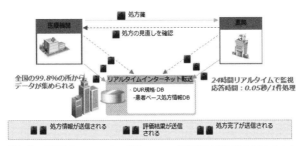

医薬品使用状況評価システムの業務フロー（保険審査評価院資料をもとに著者が作成）

としても、他の医療機関や薬局で処方を受けた場合には、クロスチェックができなかった点に注目して作られたシステムです。一人の患者に対し、すべての医療機関や薬局の処方データをリアルタイムで連動させることにより、医薬品の誤濫用を完全に防ぐことができるシステムです。

とくにこのシステムの場合、瞬時に多数の医療機関と薬局のシステムを連携しないといけないことでもあり、システム設計には高度な技術が必要であったとされます。各医療機関からの保険請求デー

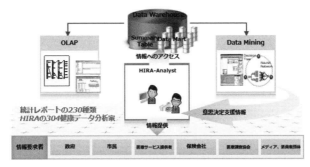

医薬品使用状況確認システム概念図（保険審査評価院資料をもとに著者が作成）

第3章　医療　117

タは、図のように、保険審査評価院のデータウェアハウスに保存され、データアナリストはこれらを分析して政策開発用の230種類の統計レポートを作成、関係部署に提供しています。また、304種類の健康データベースを構築し、ニーズに応じて、政府や民間からのデータ公開要求に対応しています。さらに、医療品質の指標作成、品質評価、政策支援、疾病傾向、不正請求の検出など様々なところで活用が進んでいます。現在、蓄積されたデータは1500億レコードのテラバイトといわれる膨大なデータを蓄積しているのです。

手術結果

病院情報

診療科目別病院評価

医療サービスを海外に輸出

　日本でも韓国でも国が払ってくれる医療保険の費用だけでは、病院の経営はうまく回らないのが現実です。稼ぐ場所をもっとほかに探さないといけません。そこで、韓国の医療システム、いいかえると病院そのものを輸出する動きがあります。

　医療に関する情報システムを作ってきた韓国のSI（System Integration）業界や韓国知識経済部（現在、産業通商資源部、日本の経済産業省に相当する国の行政機関）は、今までの経験を生かして、病院の建屋、医療機器、病院情報システムを一体化して売り出そうとしています。

　単なるコンピュータシステムの売り込みに留まらず、病院の建設から病院の運営のためのノウハウ、そして関連する情報システム、すなわち、病院建設のための資金調達から病院建設事業、病院経営のための経営情報システムやオーダリングシステム、電子医務記録管理（EMR）などを含めた、トータルな仕組みを丸ごと輸出するやり方です。

　2011年2月17日（設立4月4日）に韓国政府の認可を受けて、韓国デジタル病院輸出事業協同組合が設立されました。この組合の構成員は医療関連企業50社、建設関連企業1社、病院3社などを含む63社です。各社の出資で設立されています。

　この組合が活動を牽引していますが、そのバックで支援しているのは、医療関連産業に関わっている病院や病院関連ソリューションをもっている情報システム業界、医療機器製造業、そして政府機関です。政府機関のなかでは、医療産業育成の側面での支援を知識経済部が、海外諸国へのODAなどの経済協力を企画財政部（日本の財務省）が、情報入手や営業支援を外交通商部（現外交部、同外務省）が、病院そのものの輸出を保健福祉部（同厚生労働省）が支援してい

ます。国のグランドデザインに基づき省庁の枠組みを超えた取り組みを行っているのです。

　すでに医療産業の輸出は始まっており、中国には上海ウリドゥル病院をはじめ6か所、ベトナムに韓国眼科病院をはじめ2か所、ロシアにはホホホイル針漢医院、米国にはハリウッド長老病院をはじめ3か所が、すでに設立され運営されています。

海外の患者を呼び込むJCI認証

　海外への輸出を促進するために、諸外国の人々に韓国の医療サービスの先進性を知ってもらいたい、ということで始まったのが、医療ツーリズムです。なお、ウリドゥル病院は、金浦国際空港の敷地内にある病院で、医療ツーリズムに力を入れていることで知られています。病院名を示す表看板には英語、ロシア語、中国語、日本語でも院名が表記されており、海外からの患者を積極的に誘致しています。

　海外の患者を受け入れる病院は、国際病院評価機構によるJCI（Joint Commission International）認証を導入しています。

　JCI認証を取得するためには、国際的な認証機関が審査時にチェックするさまざまな検査項目をクリアしなければなりません。たとえば、医療職が有する専門資格の管理、院内感染対策や防災の仕組み、診療時の患者確認方法、患者に説明すべき事項、同意を取得すべき事項など1800を超えるチェック項目に対応した業務や手続きについて、一つひとつルールがマニュアル化されているかどうか細かく検証されます。これらが一定水準を満たしていることで、病院施設全体における透明性と、質の高い医療が行われていることを第三者機関が証明する仕組みです。さらに認証を継続するには3年ごとに再チェックを受けなければなりません。

　JCI認証を取得していない病院を調べるには患者や家族が病院のホームページに書いてある内容を自分の目で吟味するとか、利用経験者の話を聞くとかする以外に情報を収集する術がありません。客観的に評価することがむずかしくなります。

　海外からの患者は他国の病院について、「治療を任せられる信頼

できるところかどうか」と詳しく調べます。とくに、アメリカ人のチェックは厳しいといわれます。そこで、JCI認証のような認証を取得しておかないと、そもそも検討の対象から外されてしまうのが医療ツーリズムの実情です。韓国の場合は、2000年代前半からJCI認証の取得に取り組む病院が増え始め、いまでは25ほどの病院が取得しています。なお、日本では執筆時点でJCI認証を取得する病院数は7つほどに留まっているようです。

　なお、アラブ首長国連邦（UAE）と韓国は現在、協定を結んでいます。UAEの国民が韓国の病院で治療を受けると、UAEの政府が医療保険の適用対象にしてくれることになっています。そのためUAEから韓国に近年多くの患者が訪れています。

　韓国の整形技術は日本でも有名ですが、整形外科だけでなく、がん治療や脳外科手術など先進的な医療にも取り組んでいます。ロボットを用いた遠隔手術も行われています。

　日本のように、スーパードクターがいないとしても、たくさんの治療や手術を経験するので医師の腕は磨かれ、疾病に関する多くのノウハウをもちあわせています。それが海外から患者を呼びこむ好循環を生み出しているのです。

　韓国の保健福祉部の発表資料によると、2010年に韓国を訪れた外国人患者は8万1789人、2009年と比較すると約36％増加しました。外国人患者の誘致を開始して以来の延べ人数は22万4260人になるそうです。目的別にみると、外来患者が79.2％、健康診断が14.2％、入院患者が6.6％となっています。

保険料徴収事務を一元化

　韓国では、医療保険の徴収は、年金保険、雇用保険、労災保険の保険料とあわせて一元化し、国民年金管理公団がその徴収業務（事務）を担っています。この公団は日本が検討している歳入庁のようなものです。４大保険連携事業に関わる保険料をここですべてまとめて徴収し、各保険組合に振り分けています。こうすることで徴収コストの重複が避けられます。また、国民も加入区分の変更にともなう手続きを自ら逐一行う手間が省けます。

　たとえば、私が韓国の会社に入社すると、それが社会医療保険組合を通じて歳入庁のような組織に通知がなされます。すると、その時点で、私の住所地にある医療保険から自動的に脱退できます。逆に、私が会社を辞めたとなると、自動的に地域の医療保険に加入する仕組みなのです。そのため、理屈上では、未加入の時期や重複加入の時期がないということになるのです。

　国民年金や厚生年金、雇用保険、労災保険それぞれの機関が保険料の徴収などの業務をそれぞれ担当するのは、国民や企業側から見ると非効率で煩雑極まりない状況です。これらの業務に日夜対応している公務員の方々も、こうした非効率な業務を喜んでやっているとは考えにくく、誰一人幸せになっていないように見えます。

　韓国政府はこれらの問題点を解決するために、社会保険の類似機能である徴収業務を統合しています。

　業務プロセスも大きく変えました。徴収業務に使われていた書式の簡素化・標準化を実現して業務効率を向上させるとともに、社会保険徴収書式を175種から97種に統合し国民の利便性を高めています。

4大社会保険を一枚の請求書にまとめることが可能になったこともあり、事業所（会社）加入者への告知件数が425万件から143万件へと、従来比で約66％減少しました。地域（自治体）加入者のほうも1174万件から930万件と、約20％減少しています。

　さらに納付方法についても、9種類の手段を13種類に増やし（無告知書納付、コンビニ納付、モバイル納付、ネット納付などを追加）、納付者の利便性を高めています。さらに、滞納管理も各公団から国民健康保険公団（国民年金管理公団）に一元化されるとともに、徴収率を高めるため金融機関をはじめ、国税庁、自治体、韓国資産管理公社、大法院（不動産登記所管）と情報交換し、効率よく徴収業務を行う体制となっています。

　日本でも、多額の税金が無駄づかいされる悪循環をいち早く断ち切り、より健全な医療行政に向けた議論が始まることを心から期待しています。医療現場においてもICTは単なるツールではなく、戦略的な武器になるのです。

医療データの活用を通じた国民の知る権利の提供

　もちろん、これらの取り組みは病院のサービスを受ける国民のためにもなります。

　先日、群馬県のある大学病院で2011年～2014年、腹腔鏡を使用する高難度の肝臓手術を受けた約100人の患者のうち、少なくとも8人の死亡が確認されているということで話題になりました。8人を執刀したのはいずれも同じ医師で、全員が術後4か月未満に肝不全などで死亡したことから医療ミスではないかとの議論が高まっています。

　いつものように病院側では医療事故ではないと抗弁しているのですが、その病院や医者を信じで、大事な命を預けた患者や家族の立場になると大変悲しいことでしょう。手術の前に、手術中に起こりうるあらゆる事態に備えて、手術同意書にサインを求められた経験をもっている人も多いはずです。年々増える医療事故に関する司法の判断を見ていると、患者が不利な結果になるケースが多いように感じます。それは、様々理由でなかなか医療ミスを立証するのがむずかしいからでしょう。診療や治療という医療サービス商品を売る側の立場と費用を支払いその医療サービスを購入する側の立場は極めて不平等だと思う人も多いはずです。

　ある病気の治療にはどの病院が一番優れているのか、ある病気にはどの病院のどの先生が一番優秀なのか、また、その治療を一番経済的費用で提供する病院は何処なのか、患者の立場になると大変気になる情報ですが、政府も医療関係者もその情報をわかっているのでしょうか。患者や多くの人々に知らせていないだけなのか、それとも情報を知らないので知らせないのか、気になるところです。

情報化時代を迎えて、医療サービスの向上のために病院にはPETやMRI、CTなど最先端機器が利用され、電子カルテも普及されつつある世の中ですが、医療の情報化はどのレベルまで進んでおり、医療情報化の推進によって私たちはどれほどの恩恵に恵まれているのでしょうか。

　韓国で病院側は保険請求について、98％がオンライン請求を実施しています。オンライン請求ではEDI形式とWeb請求などがありますが、DVDや紙の請求書も認めています。電子的に請求された保険料の審査には、様々なノウハウを集約して作られた保険料審査評価システムが使われるのですが、そのため保険審査評価院には膨大な請求データが集まっており、様々な角度でそのデータを加工して、インターネットやスマートフォンアプリで病院と診療に関するあらゆる情報を国民に提供しています。

　まずは何より病院の情報を紹介しています。病院位置、診療科目、医療装備、人員構成などを紹介してます。また、スマートフォンアプリの場合には、位置情報システムを使い疾病に応じて、一番近い病院を紹介してくれますし、もしも患者さんが倒れかけてもスマートフォンの通報ボタンさえ押せば、医療機関に患者さんの位置情報やあらかじめ登録されてあるバイタルサインや持病、治療歴など、医療基本情報などが送られ、駆けつける救急医には役に立つ情報を提供することで、救急医療に大いに役に立ちます。

　また、今まで保健当局が分析した医療関連データに基づき、各病院別に治療の能力を患者に紹介する「病院評価」というサービスがあります。病院評価では疾病別各病院の医療品質を5段階で評価して公開しており、どの疾病ならどの病院が一番適しているのかを長年の診療データから分析して提供しています。当初、病院からの反発があると思われたのですが、保険請求で集められたデータを根拠

に、厳選された専門審査委員の評価の上に掲載するので、反論しにくいそうです。

　もう一つは、病院別の各種処方が適切だったのかを分析した情報を提供している事です。同じ風邪なのに病院や医者ごとに薬の量や種類がちがっていることを見つけることが可能なのです。同じ疾病でもかかる病院によっては治療費が変わるわけですから、それらを見て、医療消費者は病院を評価して選べるのです。

　本人の疾病の治療に治療能力が高い病院や、治療費が安価な病院はどこなのかがわかるので、非常に便利で安心であると思われます。また、医療サービスを提供する病院の立場から見ると自分たちの成績表が公開されることに対する自覚をもって誠実に治療に臨むはずです。

　さらに保険請求の際にいい加減な請求は見抜かれるので、過大請求や不正請求は極めてむずかしくなりますし、3か月に1回実施される不誠実請求病院に指定されると保健福祉部のホームページにワースト病院として名前が掲載されてしまうので、不正請求などはかなり自制されるといわれています。

　このようなサービスはマイナンバー制度や電子請求の定着化、そして医師会や利益集団に嫌われることを気にしない主体勢力「政治家、官僚集団」がしっかり覚悟をもってとりくむこと、そしてそれらが実現可能な情報システムを提供できるITベンダーの能力が必要であると思われます。

コラム② 犯罪、災害予防のための U- 芦原都市統合管制センター

　この頃、諸々の犯罪に関するニュース報道を見ていると、しばしば防犯カメラに映っている犯人の映像が流れるケースが多くなってきました。事件が起きると捜査のために捜査関係者は事件現場周辺の防犯カメラなどの映像を収集するのが一般的なことのようになったようです。

　私たちの周りにはコンビニなどの民間業者が自分の店のために設置したものもあれば、警察が設置したもの、自治体が設置したものなど、多くの防犯カメラを見つけることができます。さらには自動車に搭載されるカメラもあり事故の際には責任究明をするのにも大きな役割を担っています。昔は監視カメラというとそれほどいい気分にはならなかったものですが、もはや世の中は防犯カメラの洪水時代に突入した感じがします。できれば監視カメラなどのない世界に住みたいとは思いますが、現実はそれほど甘くないようです。やむをえず監視カメラと共に生きて行くのなら、積極的に監視カメラを利活用して私たちの生活を守り、より安全、安心な社会を作るところに役に立てようとする考えもできなくはないと思います。

　この頃、ソウル市など韓国の多くの自治体は街中に散在しているたくさんの防犯カメラをネットワークで結び、その映像を観察することで市民の安全を守るツールとして積極的に活用しており、それらが着実に定着している模様です。最初のころは市民のプライバシーが守られるかとの疑問の声も高く、反対世論も大きかったようですが、その間の師範事業などでの成果を基に、今はすっかり定着している状況です。

　芦原区（ノウォン）（区庁長・金星煥）はソウル市の北東部にある特別区として人口は約 58 万人程度の自治体で低所得層も多く福祉需要が高い区です。とくに芦原区はソウル市の 25 区のなかでも福祉に対する

区民満足度が非常に高いとされてます。芦原区は様々な課題を抱えているのですが、犯罪から区民を守る、交通安全を図る、とくに学校内暴力などを防ぐとして導入したのが「ユビキタス芦原都市統合管制センター」です。このユビキタス芦原都市統合管制センター(以下U-芦原統合管制センター)が犯人の検挙に大きな役割を果たしているのです。

2014年6月5日夕方8時ごろ芦原区内で身元がわからない二人の男性が喧嘩中に一人が刃物で相手を数回刺してから逃走した事

U-芦原統合管制センター

件が起こりました。112申告(韓国の110番にあたる)を通じて申告を受けた警察は犯人の着衣や風貌などをU-芦原都市統合管制センターに知らせて検挙協力要請をしました。管制要員たちは、犯人の逃走予想路に設置されている防犯用の監視カメラ2台と不法駐車取り締まり用監視カメラ1台で撮った映像を分析して犯人とされる男を発見、即座に警察に犯人の居場所を通報し、録画映像と写真を渡された警察は犯人の居場所にすぐに駆けつけ逮捕に至りました。これ以外にも数多くの実績を上げています。

芦原区は 2012 年から学校周辺や通学路、公園など子どもたちが多く利用する区域に最先端知能型監視カメラ 60 台と一般監視カメラ 768 台を設置して、事件が発生したときに迅速に警察官が出動できるように 14 億ウォンの予算を投入して当センターを設立、運営してきました。当センターには警察官 4 人と管制要員 16 名が一組 4 人、4 交代体制で 24 時間モニタリングを行っています。また、芦原警察署と業務協約を結び互いの監視カメラの映像を共有し、両機関で 24 時間モニタリングを実施しています。その結果、芦原区の発表によると 2014 年には交通事故、窃盗、暴力、性犯罪、財物損壊などの防犯関連資料の警察への提供 549 件などの実績を上げているとのことでした。

　当センターの設立運営には様々な難問があったと推進担当者のデジタル広報課長 丁 香秀(ジョン・ヒャンス)氏はいっています。当然のことですが、町中に監視カメラを設置され、それらを管制センターでつぶさに見られることに対して喜ぶ区民は誰もいないはずです。まず、区民のプライバシーを侵害しないという保証ができるかの問題があり、また、区役所の業務と警察の業務の区分がつかないことから警察との業務分担の問題がありました。

　区民への説明としては、近年増えている学校内暴力問題、強力犯罪対策として成果を出しているイギリスなどの先進諸国の事例などを紹介し、監視カメラが設置されていることを告知する看板などを設置し、市民に理解を求めました。また、監視カメラが設置されている場所には管制センターに警察が常駐をすることで、警察との役割分担を明確にするなど、ある程度区民の合意を得ることができたそうです。

　予算の節約のために区内全域に新しい監視カメラを設置することなく、すでに各部署が独自で設置運用している監視カメラ（学校関連 328 台、防犯関連 179 台、環境保全 113 台、交通安全 115 台、災難管

理20台、公園管理146台)をネットワークで結んで利用し、新設は必要最小限度に留めて効果的な予算支出も実現しました。

　最初は色々と苦労しながら始めた事業だったそうですが、実際に学校内暴力と犯罪率が下がり、検挙率も上がるなどの効果を実感できると、むしろ住民側から監視カメラの設置を要請されるようにもなった模様です。日本ではなじまない政策かもしれませんが、実際には日本でも多くのところで監視カメラは設置されてありますし、犯罪が起きるとその監視カメラの映像は捜査に使われることから、積極的に市民の安全を守るためにもしっかりした住民のプライバシー保護の対策を樹立した上で、U-芦原都市統合管制センターのような取り組みを検討するのも必要ではないでしょうか？

第4章 行政サービス

転出届を日本からインターネット経由で済ませる

　今や韓国は、「世界一の電子政府・電子自治体」と評されています。韓国の電子政府・電子自治体のどこがすごいのでしょうか。実際に韓国の電子行政サービスは、サービスの消費者たる国民を喜ばせ、感動させるものです。私が体験した例をご紹介しましょう。

　2013年のことになりますが、韓国に住んでいる弟から、突然電話がかかってきました。そして、「兄さん、私のところに役所から、兄さんの転出届を早く出さないと住民登録を抹消すると連絡が来ましたよ」というのです。

　私は現在、家族4人で日本に住んでいるのですが、韓国には住民登録を残しておく必要があったため、来日する前、弟の家に住民登録を移しておいたのです。

　ところが、弟が引っ越ししてしまい、新しく転入してきた人から、「自分の家の住所に知らない人の住民登録が残っている」と役所に連絡が入ったというのです。私が弟に、「お前が転出する際に、私の分も一緒に移してくれれば良かったのに」と文句を言うと、「世帯主本人でないと移せない」とのこと。

　そこで、私はさっそく国際電話をかけ、役所の担当者と話をしました。そして、私は、現在、自分は日本に住んでおり、住民登録の移転手続きのために、すぐに韓国に帰ることはできないことを伝え

ました。すると、役所の担当者は、「そんなこといわれても困ります。とにかく、早く転出届を出して下さい」の一点張りです。しかも、「明日までに転出届を出さなければ、登録を抹消するしかありませんね」というのです。

私は、「あなたのいいたいことはわかります。しかし、会社の都合などもあるため、明日までに韓国に戻ることはできません。せめ

て何日か時間をいただけませんか？」と交渉しました。すると、先方は「私はわざわざ韓国に戻って手続きをしてくれなんて一言もいっていません。日本で手続きをすればよいではありませんか！」といささか怒気を含んだ口調です。

さらに、私が「日本の韓国領事館で、転出届の手続きが出来るということですか？」と尋ねると、「もう、何をいっているのですか！　日本は韓国よりもインターネットが進んでいる国でしょう。

インターネットを使って電子申請をすればいいではないですか！」とあきれているようでした。

　私は事情をようやく飲みこみ、「ありがとうございます！　では、すぐにやらせていただきます！」といって電話を切り、韓国政府が運営している行政のポータルサイトにアクセスしました。

　今度は逆に日本での話をしましょう。1999年の冬、会社設立のため、法人設立手続き上いろいろな証明書などが必要となり、訪ねた東京都中央区役所の窓口、いつものように申請書を書き窓口に提出して、順番を待っているとすぐに窓口の人から声がかかりました。お客様、何かまちがいではありませんかといいながらにっこりと笑っていたので、何か日本語の書きまちがいがあると思ってたずねると、「いいえ、お客様の現住所は埼玉県草加市ですよね、だったら草加市に行くべきでしょう。中央区役所に住民票と印鑑証明書を求めても発行できません」といわれました。筆者は思わず「えっ、本当ですか？　自分の住民登録地でなければ証明書ってとれないですか？」と質問したら、窓口の人はたんたんとそうですと答えていたのを鮮明に覚えております。

　あの頃の世界はITバブルに燃えていた時期でもあり、当時の日本はIT先進国であったはずで、行政業務の電算化も進んでいると思っていたので実に衝撃的な事件でした。私は1986年から3年間、ソウル市公務員として務めていたのですが、当時は日本の先進的な行政関連情報を耳にして、自分たちも同じようなことができないかと奮闘していた記憶もあったのでなおさら不思議な気持ちになりました。1987年から1991年にかけ韓国では、行政電算網構築事業が進められ全国の自治体がネットワークでつながり、自分の住民登録地と関係なく、全国どこの自治体の窓口でも住民票や印鑑証明など

の証明書が入手できるようになっていたので、当然、先進国日本ではこのようなことは当たり前のようにできると思っていたのです。

韓国の電子政府総合窓口

韓国のポータルサイトに自分のID（識別番号）である「住民登録番号」と「暗証番号」を入力してログインします。その後、公的個人認証書による本人確認が終わると、たしかに初期画面に「転出届」のメニューがありました（現在、セキュリティ上の理由から、住民登録番号を直接入力するのではなく、住民登録番号と自分で紐付けたi-PINという任意のID番号を利用します）。

すでに、私の基本情報は、ほとんどの入力項目が自動的に入力済みの状態になっていました。住民登録番号を基に検索され、紐付けられていたからです。私の作業はただ、転入先の住所を入力するだけで済みました。

ところが、「これは簡単だ」と感動しながら、申請ボタンを押し

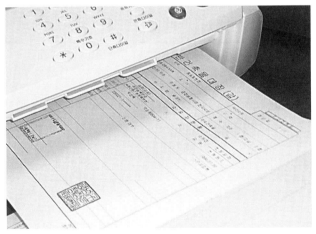

自宅のプリンターで住民票や税証明が印刷できる。
変造防止策が施されている

た瞬間、エラーメッセージ（警告画面）が現れました。よく見てみると、「あなたの場合、転出届を出すのであれば、同時に行うべき手続きが他にも7つあります。それらも自動処理しますか？」という内容でした。警察庁管轄の運転免許証の住所変更や、国民健康保険や、年金に関する住所の変更申請などが表示されていました。私はもちろん、「はい」のボタンを押しました。

　このようなことが可能なのは、韓国では、全国にある地方自治体の基幹行政情報システムが住民登録番号を中心に連携されているからです。それゆえ、転入先の住所さえ入力すれば、当然ながら、これまで住んでいた住所の転出手続きの処理まで行ってくれるのです。転出届と転入届の両方の手続きをする必要などないのです。さらに、行政情報共同利用システムによって各省庁のシステムとも接続しているので、住所変更に伴う各種手続きも簡単に一括して行うことができるのです。

行政機関は、国民に各種証明書の提出を求めてはいけない

　国民に親しまれる電子政府・電子自治体のポイントは、国民が必要としているさまざまなサービスを、いつでも、どこでも、誰でも安全に、かつ簡単に受けられること、そして、それらが行政業務の効率性の向上に直結し、その結果として、国民の大切な税金を無駄遣いしなくて済むことだと思います。

　日本では、「なんでも電子申請ができます」といいながら、電子申請だけで終わるものは少ないのが実情です。途中で役所を訪問して紙の書類を提出しないと申請が完遂できないようなシステムが目立ちます。税金を投入してわざわざ作った電子申請システムの多くは残念なことに操作が煩雑で使い勝手が悪いものです。そのため、

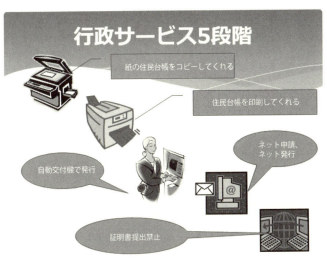

行政サービス5段階。実際はあまり浸透していない

国民が見向きもしてくれないということになります。それら使いにくいシステムの利用率が低迷していることについて、「税金の無駄づかいだ」と実際に国会や地方議会で議員から指弾・追及されることがしばしばあります。

銀行にある自治体行政端末で住民票や印鑑証明が出力できる

　A自治体に身を置いているものとして非常に恥ずかしいことではありますが、利用者の観点から納得のいかない電子申請などのシステムができあがる理由は多々思い当たります。

　皆さんがネット上で作成した書類の原本性を証明するのは「公的個人認証書」だけです。しかし、この認証書を取得するためには、「住基カード」というものを先に住所地の役場で発行してもらう必要があります。住基カードのICチップだけにしか「公的個人認証書」を格納できないからです。その上、その住基カードを使うためにはICカードリーダーという機械を数千円で購入して、パソコンにつなげなければならないのです。このような複雑で面倒な手続きを経てから、やっと電子申請を行える状況に辿りつく。これが、今の電子申請です。総務省が推し進める「公的個人認証サービス」の普及ですが、発効から9年が経ってやっと累計約764万枚（2013年

6月30日時点）が交付されたに過ぎません。それらを基盤とするサービスはもう成り立たない状況です。

　日本には、ネット上で公的に個人を証明する仕組みは、2013年5月に国会で成立したマイナンバー法によって、初めてできる見通しです。個人を特定する利用者番号とICカードを併用することで、本人確認を行います。この制度を最大限利活用すれば、今まで、役所中心だった行政サービスプロセスを国民中心の行政サービスプロセスに設計を変えるチャンスを迎えられるはずです。

利用者本位の行政サービスの提供を

　マイナンバーの成立は色々な場面を変えるはずなのです。今までは転出届を出すとなると役所内のあっちこっちの部署に足を運ばないといけなかったのですが、これからは転出届を一本出すだけで、国民健康保険や、国民年金などあらゆる手続きが一遍に済むことになります。

　さらにいうと公立大学や小中高校のシステムともつなげられるなら、全国の自治体の窓口でも、学校の卒業証明書や成績証明書の発行が可能になり、各自治体はお互いの住民に対して住民票や税証明書、印鑑証明書の発行もできる素敵なサービスを作れるでしょう。さらに主要な駅や多くの人々が集まる広場などに銀行のATMの

仁川国際空港に設置されている証明書自動交付機では全国すべての自治体の住民票や公立学校の卒業証明書などが取得できる

ような証明書自動交付機などが設置され、どこの自治体の人でも各種証明書を取得できる環境になれればよいと思います。

このような様々なサービスはすでに2000年頃から韓国で実現されているサービスです。しかも、韓国ではそもそも窓口にも行かず、ネットで転出届を出すだけで最大25種類の手続きが完了するまでに至っています。全世界どこからでもネットが接続できれば、自分のコンピュータとプリンターを使い住民票の印刷、税証明、戸籍謄本、大学の卒業証明など130種類の証明書が印刷できるサービスが広がっています。

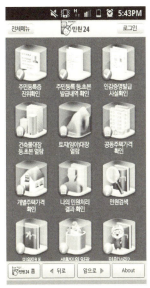

スマホ電子申請システムはすべての自治体の証明書を申請でき、発行はせずに、証明書を提出する先のメールアドレスを入れれば担当者に証明書がPDFで転送される

韓国では1997年、経済危機の際に財政再建という名目で民間、公共部門を問わず多くの人々がリストラされました。自治体も約3

割程度の公務員が職場を去りました。このような状況を克服するため、役所ごとに「革新課」の新設、役所業務の棚卸し実施など、業務そのものの本質を見極めてICTを前提にする最適な業務プロセスを作りだしました。さらに住民に対する行政サービスの革新、つまり、電子政府・電子自治体事業が本格的に行われ、結果的にリストラで去っていった人々の分まで補うことができたといわれます。

　日本の自治体がおかれた現実はどうでしょうか。長年続いた不況の影響から多くの自治体の財政状況は厳しさが増しており、その財政危機を乗り越えるためにも、各自治体はコスト削減しようと、様々な努力をしています。毎年職員数も減らしている自治体も少なくありません。一方、今度のマイナンバー制度の導入作業もそうですが、日々仕事の量は増えている状況です。このような状況を乗り越えるには、仕事のやり方そのものを根本的に変える必要があるはずです。

　関西のある自治体が発行する住民票などのあらゆる証明書の発行枚数は年間300万枚を超すそうです。この証明書1枚発行に5分程度の公務員の業務が必要とすると年間で25万時間、一日8時間勤務という前提で計算すると3万1250人／日分量の仕事になります。しかし、これはあくまでも役所中心の考え方で、むしろ、証明書を取りに来る市民側の立場で計算すると居場所から役所までの往復移動し証明書を手にするまでの時間が少なくとも1時間はかかるはずです。単純計算で300万件の証明書に300万時間が必要で1時間の人件費を1000円に換算すると年間30億円という計算になるのです。これを市民の機会費用損失といいます。

　ICTを利用して得られるのは単純に役所のコスト削減だけではなく、むしろ市民の機会費用も減らし、その時間を経済活動にまわすようにすることが大事なのです。これからの情報化時代は政府、

自治体の行政サービスの能力が、国家競争力に直結する時代ともいえます。そのためのマイナンバー制度なのです。

ただ、それが、本当に実効性のあるものかどうかは、まだなんともいえない状況です。政府のなかでも、意見が統一されていません。取り組みに比較的前向きな省庁とそうでない省庁のあいだに温度差があるためです。やる気のない省は、足を引っ張ろうとするかもしれません。国民はきちんとウォッチする必要があると思います。

自治体が運営する既存のシステムを連携させるためのインターフェースとなるシステム。この開発についても政府のどの省が予算を確保し、執行するのかまだわかりません。また、そのインターフェースと既存の基幹システムをつなぐ中間サーバーを構築するためにどれくらい費用がかかるのか。本来は、国が標準化するのが簡単なのですが、そうはなかなかいかないようです。

ただ、そんな国の取り組みを、指をくわえて待っているわけにいきません。財政状況が厳しく、人口減少や税収減に悩む自治体では、行政サービスの基盤となるシステムの円滑な連携や、少ない職員での業務推進を早く実現しなければ、行政サービスの提供に支障が出かねないからです。

A自治体でもこれらのサービスを実現するために、総務省の事業公募に応募し、各県の提案のなかから優秀な提案として選定されました。開発資金を堂々と獲得して自治体クラウド（各市町村におけるコンピュータシステムの共同利用）に挑戦しているところです。A自治体では、住民が証明書などを発行してもらうためわざわざ役所まで行く手間をかけず、自宅にいながら手続きを済ませられる、親しまれる行政サービスを提供できる日が一日も早く訪れることを切に願っています。

「電子政府法」からはじまった韓国の変革

　電子政府・電子自治体の実現により、国民が便利だと実感できるサービスを提供するためには、単なるシステムの開発だけでなく、法整備も含め、根本的な行政業務革新が必要です。

　韓国では、このような観点に基づき、「電子政府法」が制定され、行政サービスの改革が行われてきました。

　たとえば、電子政府法のなかには、次のようなものがあります。

　「特別な理由がある場合を除き行政機関は、行政機関の間で電子的に確認できる事項については、国民に証明書などを提出させてはならない」（法律10580号4章36条「行政情報の効率的管理及び利用」）

　この条項により、韓国の電子政府・電子自治体は、「いつでも、どこでも証明書の発行ができます」ではなく、そもそも国民に、行政機関に対して住民票など証明書の提出をさせないことを前提にシステムが構築されているのです。

　もし仮に日本で、役所の市民生活課の窓口で転出届を出そうとすると、どういうことが起こるでしょう。まず、担当職員が申請書の内容を見ながら、税務課に電話をかけて、税金を滞納していないかどうかを確認するでしょう。わざわざ税務課経由で確認するのは、税金に関する情報は個人情報保護の対象となるため、税務課の担当職員以外の人は見ていけないからです。

　しかしながら、市民生活課と税務課のシステム同士がつながっていれば、税務課に電話をかけることもなく、転出届を受理して良いかどうかだけを手元のパソコンのモニター画面で確認することができるはずです。その分、税務課の担当者は、ほかの仕事をこなすことができます。市民生活課の担当者も、税務課からの返事を待たず

にすみます。当然、引っ越しをする住民への対応スピードも速くなります。
　韓国で、電子政府法が成立した背景には、政治的リーダーシップがあったことは見逃せません。ここで、電子政府・電子自治体の歴史について、少し振り返ってみましょう。

電子政府法の紹介

電子政府法の中身の一部を紹介しておきます。

まず、第5条（公務員の責務）では、公務員の努力義務として、担当業務を電子的処理に適合させる改善のために最大限の努力を傾けなければならないとし、担当業務の電子的処理のために必要な情報通信技術活用能力を備えていなければならない、さらには電子的に業務を処理するにあたり、国民の便益を行政機関の便益より優先的に考慮しなければならないと宣言しています。

また、第7条（業務革新先行の原則）では、行政機関が情報システムを開発する際にはかならず、今までの業務業理を電子的に処理できるように業務改革をするように義務づけていますし、第8条（電子的処理の原則）では行政機関の業務のうち電子的に処理が可能なものは電子的処理ができるようにシステムを開発して、業務自動化を図る義務を課しています。

第9条（行政情報公開の原則）では、行政が保有している情報のなかで個人のプライバシーを侵害するもの以外は原則インターネットで公開するようにし、第10条（行政機関確認の原則）ではそもそも行政機関が国民にたいして住民票などの証明書を求めることを禁じており、それの対策として第11条（行政情報共同利用の原則）では行政機関が他の行政機関から情報連携を求められたら、特別な理由をのぞいて、情報提供しないといけないこととなっているのです。

以下は電子政府法の抜粋です。

第5条（公務員の責務）
　① 公務員は担当業務を電子的処理に適合させる改善のために最大限の努

力を傾けなければならない。
② 　公務員は担当業務の電子的処理のために必要な情報通信技術活用能力を備えていなければならない。
③ 　公務員は電子的に業務を処理するにあたり、国民の便益を行政機関の便益より優先的に考慮しなければならない。

第7条（業務革新先行の原則）　行政機関は業務を電子化しようとする場合、あらかじめ当該業務及びこれに関連する業務の処理過程全般を電子的処理に適合するよう革新しなければならない。

第8条（電子的処理の原則）　行政機関の主要業務は電子化されなければならず、電子的処理の可能な業務は、特別な事由がある場合を除き電子的に処理されなければならない。

第9条（行政情報公開の原則）　行政機関が保有、管理する行政情報として国民生活に利益になる行政情報は法令の規定によって公開が制限される場合を除きインターネットを通じて積極的に公開されなければならない。

第10条（行政機関確認の原則）　行政機関は特別な事由がある場合を除き、行政機関間に電子的に確認することができる事項を請願人に確認して提出するよう要求してはならない。

第11条（行政情報共同利用の原則）　行政機関は収集、保有している行政情報を必要とする他の行政機関と共同利用しなければならず、他の行政機関から信頼できる行政情報の提供を受ける場合には同一内容の情報を別途収集してはならない。

国民の支持を受けた国を挙げてのICT推進

　1997年、東南アジア通貨危機の影響で、韓国は深刻な経済危機に陥り、破産状態になりました。大手企業の倒産が相次ぎ、街は失業者で溢れました。そうした危機のただなかで就任した金大中^(キム・デジュン)大統領はICT立国を掲げて、経済の建て直しを強力に進めました。

　そこで始まったのが「100万人主婦インターネット運動」と呼ばれた活動です。家庭の所得を高めるために、まずは、主婦が在宅でも仕事ができるように、インターネットの使い方講座を無償で受けられるようにしました（最終的には600万人が受講しました）。次は、50万人の軍人に、さらに刑務所の服役囚に、強制的にICT関連知識や技術を習得させました。一方、公務員にも、ICTに関する専門知識を身につけさせました。

　この結果、韓国の国民のほとんどがICTを使いこなせるようになりました。そして、オンラインショップやオンラインゲームの運営などICT関連のベンチャー企業や個人創業者も増え、失業率も低く抑えることができました。

　また、金大中大統領は、「デジタル・ニューディール政策」と題して、電子政府にも取り組みました。まずは、失業者を雇い、彼らに紙の戸籍に書かれている情報を片っ端からパソコンに入力してもらい、戸籍の電子化を図ったのです。その結果、全人口にあたる５千万人分の国民の戸籍や住民票が短期間に、しかも安価で電子化されました。

　さらに、国家戦略として、電子政府を統括する大臣には、現職の大手ICT企業社長を据えるなど、ICT専門家を内閣に投入しました。その結果、さまざまな分野においての行政サービスの電子化が

一気に進みました。2002年のことです。

　続いて大統領に就任した盧武鉉(ノ・ムヒョン)氏は、単に既存の行政サービスを電子化するのではなく、サービス内容そのものの抜本的な改革を推進しました。そのなかで、「そもそも住民票などの各種証明書の提出は必要なのか」といった議論が行われました。各自治体、各省庁の間で、必要な行政情報のデータ連携を行えれば、またインターネット上で申請などの手続きが完結すれば、住民票などの証明書は発行する必要がなくなります。

　しかし、当時のあらゆる法制度は、紙をベースにした業務プロセスや対面サービスを基本とするもので、行政業務を革新する妨げになっていたのです。そこで、改革に伴う法制度の見直しが行われ、先ほど挙げた電子政府法、すなわち「行政情報の効率的管理及び利用」などの条項が制定されたのです。

適正価格から外れた過剰品質の製品が
不必要な場所で使われていた

　一方、ICT産業においては、このような話があります。私は以前、A自治体のある市役所に対して、ICTのコンサルティングを行ったことがありました。住民票の写しや印鑑登録証明書などを発行する「証明書自動交付機」を市役所に導入することになったときのことです。ある日本の大手ICTベンダーに問い合わせたところ、１台1200万円もするというのです。他社に問い合わせても同様の金額でした。機械の中身を調べたところ、1200万円もの価値があるとはとても思えませんでした。そこで、韓国の状況を調べたところ、同じ機能のものが、なんと200万円で販売されていたのです。

　市役所の方々に、「韓国では200万円で買えるものを、なぜ、日本では1200万円も出して買うのですか」と訊ねたところ、「では、一体どこで安いものを買えばよいというのですか」と逆に聞かれてしまいました。たしかに、公務員が韓国まで行って輸入してくるというわけにはいきません。そこで、私自身がこの製品を作っている韓国メーカーに発注して製品を作ってもらうことにしました。そして、私が一台300万円で販売することにしたのです。すると、自治体の方々が次々にこの製品を購入してくださり、現在では、全国に1087台設置してある証明書自動交付機のうち87台を、この安価な製品が占めるまでになりました。

　以前から私は、国民に喜ばれる電子行政を実現するためには、このような端末が役所だけでなく、空港やコンビニエンスストアなど身近な場所にあって、いつでもどこでも簡単に利用できるようにすべきだと考えていました。しかしながら、１台1200万円もするとなれば、幅広く普及させるのは困難です。でも、300万円程度であ

れば、それもかなわぬ夢ではありません。

 実は、私は同じ機能をもつ端末を、従来機種に比べて900万円も値段が安い300万という価格で売れば、日本のICTベンダーがこれは勝負にならないと判断し、すぐ従来機種の開発をやめて、この安価な端末を私から仕入れて販売してくれるようになるだろうと予想していました。しかし、その予想は大きく外れました。彼らは、スペックを少し落とした端末を開発し、500万〜600万円で販売し始めたのです。結局、私の機械を採用してくれたベンダーは当時、1社だけでした。

 アテがはずれてがっかりした私は、一体なぜなのだろうかと思い、調べてみたところ、各社にはこの端末を開発・製造する部門があり、この機械を私から買うことになってしまうと、その部門を解散せざるを得ないからだとわかりました。彼らにとっては、この製品の性能がいくら良くても、安くてたくさん売れた結果として自社が儲かったとしても、その代わりに部門がなくなり雇用を確保できなくなることは避けなければならないというわけです。そのため、現場の社員は、「品質がわからない」「実績がない」などの理由を並べ立て、自社の（?）経営陣が正しい判断をできないようにしていたのです。

1台300万円の自動交付機

 そもそも、日本のICTベンダーが提供する端末が1200万円もしていた理由の一つに、品質の過剰さがありました。銀行のATM

をベースに作られていたのです。ATMには大金が保管されているため、堅牢性は重要です。しかしながら、証明書自動交付機の場合、一日の売り上げはせいぜい2〜3万円程度です。それ以外には、コンピュータとプリンターが1台ずつ入っているだけです。それを、ATM並みのスペックで作るというのは、明らかに過剰品質です。

　日本では、ハードウェア、ソフトウェアに限らず、あらゆる製品でこのような状況が見受けられます。品質が過ぎれば電子政府や電子自治体を実現するのに莫大な費用を要することになります。遅々として進まず、国民が満足するサービスが提供されない大きな理由の一つです。

「住民に何を提供できるか」ではなく、「住民は何を望んでいるか」への思考の転換を

　2004年2月に韓国の電子自治体推進状況調査のためにソウル市江南区役所を訪問した時のことです。区庁舎に入ると玄関先に新しい車が展示されていました。なぜ役所の玄関先に車の展示ブースを作ったのかと不思議に思いながら、訪問団と庁舎のなかに足を運びました。

　早速、江南区のCIO（情報化統括責任者）から区の電子自治体の取り組みのプレゼンが始まりました。自宅で自分のプリンターで住民票が印刷できるといったことや管内のすべての地下鉄駅に証明書自動交付機が設置され、住民は証明書などをとるためにわざわざ区役所に行く必要がないなど、日本よりはるかに進んだ各種取り組みに圧倒されながら一通り説明を聞いていました。

　質疑応答の時間になり、私のほうから「先ほど玄関先に軽自動車が展示されていたのですが、あれは何ですか？　展示スペースでも貸して賃料を貰っているのでしょうか？」と聞いたら、CIOはニコニコしながら「不思議でしょう？　それはネットを利用して納税された区民2名を籤で選び、差し上げる景品です」といったのです。納税の義務は当然なことであるはずなのに豪華な景品をかける理由は何なのかな？　と思っているとCIOは淡々と説明を続けました。

　「我々はネットで税金を納付してもらうため、地方税インターネット納付システム（以下ネット納付）を導入利用しています。区民の立場で考えると今までは税金を納付するために役所か銀行に出向かないといけなかったが、ネットさえつながれば、どこでも納付が可能になり非常に便利なったことから利用率は順調に伸びるものと

思っていました。また、ネットで納付利用が増えれば今まで収納を担当していた公務員の仕事も減るので一石二鳥と思い、ほかの自治体に先駆けて導入したのです

　ところが、予想に反し利用率が伸び悩んでいました。どのようなアプローチをかけるべきか考えるように部下たちに指示したところ、区民に制度を広報するといい、新聞の折り込み広告に『ネットで税金納付が可能になりました』という案内チラシを入れたいとしてチラシ作成費用などに500万円が必要というのです。

　そうなのか？　と決裁しようと思ったが、そもそも新聞チラシってあまり読みませんね？　しかも、そのままゴミになり捨てられるとゴミ処理をするのは我々だし、結果的に有効活用されなければ税金の無駄になってしまう。余計に私たちの仕事だけが増えるんじゃないかという思いがしましたので、決裁をせず、しばらく考えることにしました。

　その時に頭に浮かんだのが自動車景品だったのです。当時、韓国では燃費のいい軽自動車が登場したばかりで、軽自動車を広める社会的な名分もありました。興味の湧く豪華景品をかけることにより、区民に宝くじを買う感覚で、ネット納付に挑戦してみようという気持ちにさせられるのではないかと思ったのです。しかも軽自動車は1台100万円程度でしたので、景品を2台足しても300万円で、最初の予算500万円よりも200万円も節約できるという計算でした。たった1回だけのマーケティング企画でしたが、反響は大変なものでした。

　景品を当てようと思いネット納付に挑戦してくださる区民が増えたのは当たり前ですが、何よりもマスコミの反応は凄まじいものでした。あるマスコミはお役所が遊び半分で貴重な税金を『豪華な景品』などに充てるとは何てけしからんという反応と、今までにない

斬新なアイデアであり、それによって利用率が急激に伸びているという好意的な反応でした。いずれにしてもマスコミが騒いでくれたおかげで、私たちは何も宣伝しなくても、毎日のように新聞、テレビに紹介され、さらに利用率が伸びる好循環を生みました。その結果、今は江南区の税収の大半がネットや様々なシステムを経由して入ってくるのです！」と、誇らしげな回答でした。

　ソウル市税務課の主務官によると2004年にスタートしたネット納付サービスは市役所や区役所など各主体が利用率向上のために知恵を絞り、あらゆるアイデア合戦をくり広げたそうです。一度、ネット納付サービスを使った住民はその利便性を実感したことから、自発的に使い続けることになったと説明していました。その結果、導入初年度に一ケタの利用率から、翌年には利用率が一気に40％を超えて、その後も年々利用率が上がり、2014年のソウル市の税収15兆ウォンのうち10兆ウォン程度がオンライン納付サービスが利用されているとのことでした。これは単純計算でオンライン納付システムの利用率が70％近くになっていることになります。

　前述の主務官にソウル市がここまでの利用率を高めるためにどのような取り組みをしてきたのかを聞くと意外と単純な答えが返ってきました。一つ、利用者にとってPC、スマホ、ARなど、使いやすいチャンネルを用意したこと。二つ、利用者にとってのメリットを示したこと。三つ目は、システムの操作性などの使い勝手とそれに伴うセキュリティの確保による利用者の安心。四つ、担当部門としては、年度別、チャネル別の利用率に対して正確な数字目標などを掲げ、目標達成のためにたえずに努力した結果であるとのことでした。

　ソウル市は、1年分の自動車税を1月中に先払いをすると税額の10％を減免すると発表しました。納税者の立場から見ると極めて

ありがたい政策のはずです。このような一見、行きすぎではないかというほどの政策が正式に議会の了解のもとに実行できる柔軟な環境を作るのも重要だと思います。

　利用者の立場に立って、どのような作り方であれば利用者が利用しやすいのか、また、実際に利用されたら便利だとしても、一度体験してみないとその利便性がわからないので参加意識を如何に高めるかを考慮しないといけません。「住民に何を提供できるか」ではなく、「住民は何を望んでいるか」がもっとも重要であることを示唆するものでしょうか。それこそが住民に対する「オモテナシ」のはずです。

住民登録番号、自治体の基幹システム統一

　韓国の電子政府・電子自治体が提供している、国民に感動を与える行政サービスを紹介しました。このようなことが日本で提供できていない根本的な理由は複数ありますが、今回はなかでも3つの大きな問題についてお話しします。

　1つ目は、韓国には国民一人ひとりを特定できる手段があるのに対し、日本にはないことです。韓国ではすべての国民に出生時に「住民登録番号」が与えられるため、住民票や運転免許証の発行など異なるシステム間で、個人に関係する情報の紐付けが行えます。この情報連携の基盤があるために期限の迫る手続きの期限や利用できる行政サービスの案内、といった各種プッシュ型のサービスを提供することができます。しかし、日本にはこの住民登録番号に相当するものがないため、システム間で紐付けができません。

　2013年5月、日本でもマイナンバー法が成立しました。この個人を特定できる番号制度なしに、国連が提示している「シームレスな電子行政」を達成することはできません。

　以前から私は色々なところに講演へ行き、韓国の番号制度を説明し、日本での番号制度の必要性を力説してきました。そうしたなかで、2012年に一度廃案になった「税と社会保障の一体改革」が政権交代とともに復活しました。とはいえ再び掲げられた日本政府のマイナンバー制度の構想は、私が期待するほどのものではありませんでした。せっかく個人番号によって紐付けでき、それらの情報を国民のために有効利用できるはずなのに、紐付けがむずかしく使いづらい、何のために導入するのかよくわからない番号制度になりつつあります。

そもそも私も、数千億円なのか数兆円なのかわかりませんが、巨額の税金をつぎ込んで行う事業の割には目指す方向が明確でないことを、不思議に思っていました。なぜ、方向が定まらないのか。さまざまな方から、紐付けが容易になることによる個人情報への漠然とした不安が大きいのだという話を聞きました。また、行政業務の関係者からも、使いやすく透明性の高い番号制度にすると、国民の個人情報保護への不安が膨らみ、行政関係者から拒否されるため、いつまでたっても法案が通らないのだという切ない話を聞きました。

　成立したマイナンバー法のもと、新しい政府が推進する番号制度は、幅広い分野で利活用され、国民の生活が便利になり、公務員の業務効率も上がり、電子行政に投入される国民の血税が節約できる、そんな制度にしてほしいものです。情報管理監などを努める立場からいわせていただくなら、政府や公務員、国民がお互いに不信感を抱きつつ、相手に文句をいわれたくないばかりに、不透明な制度を作るということだけは絶対に避けてほしいのです。

　２つ目は、自治体の基幹システムに関する問題です。国民に関するさまざまな情報を管理している自治体の基幹システムは、地理的に市役所・区役所のなかなど国民にもっとも身近なところに位置しており、「国民に感動を与える電子行政」を実現するためのもっとも重要なシステムです。

　そのため、現在、韓国では自治体が主体となって基幹システムを共同開発、共同利用、共同運用しています。ところが、日本では、1700あまりの自治体がそれぞれ独自に、様々なITベンダーが販売している基幹システムのパッケージソフトを導入し運用しています。裏返せば、自治体同士のシームレスなデータ連携に対する考慮がなされていません。

たとえば、日本国内で引っ越しをする場合、これまで住んでいた地域を管轄する役所に転出届を提出し、引っ越し先の地域を管轄する役所に転入届を出さないといけません。しかし、自治体間で基幹システムがシームレスに連携していれば、引っ越し先の役所に転入届を出すだけで、自動的に転出届の処理も行うことができます。

　現在、各自治体では、それぞれバラバラに導入し、管理・運用している基幹システムのため年間4000億円近くの予算を使っており、国家的な観点からみると、重複投資、無駄な投資になっていると思います。

　もちろん、韓国よりも地方自治体の制度が発展している国なので、やむを得ない事情もあるかとは思います。しかし、韓国のように、国と自治体が互いに力を合わせ、自治体の規模や役割に応じていくつかの「共同で使えるシステム」を開発して共同運営することを検討してもよいのではないかと思います。

　そうなれば、1700分の1は無理だとしても、どんぶり勘定でも、今までの10分の1の300億円くらいの費用でシステムの管理・運用ができるのではないでしょうか。

　さらに、各地方自治体が長い間培ってきたノウハウを生かして、住民にいまより行き届いた行政サービスを提供することも可能だと思います。それらの取り組みが進まないことへ痺れを切らして、一部の自治体が先行して共同利用化を進める動きが出ています。A自治体もそうです。ただし、注意したいのは、そうした自治体の多くは、「ハードウェア」の共同利用化およびクラウド化に留まっているようです。すなわちサーバーやネットワーク、ストレージといったハードウェア・リソース（資源）については市町村で共用したとしても、ハードウェアの上で走るソフトウェア（プログラム）は、自治体それぞれ個別仕様のまま、ということになります。

ソフトウェアの共同利用、さらにデータの連携まで踏み込んだ共同利用化には、さらなる自治体間の協力が必要でしょう。なぜなら、それまでに使っていたパッケージを捨てて、新しいものに切り替えることになるからです。それまで使っていたパッケージを売っているベンダーは、売り上げが落ちるので、やらせたくないでしょう。ただ、お金を出す多くの自治体の財政状況は、税収減にともない、厳しさを増しています。

　将来、共同利用化が複数の自治体で進み、1700あまりのシステムが、いずれは20か10へ、さらに5つか6つに統合される日が来るのかもしれません。最終的に、仮に1つに収斂するにしても、そこに至るまでにはそれなりの時間がかかるでしょう。その時間は、これまで「パッケージを提供するビジネス」を展開してきた主要ベンダーが囲い込み（ロックイン）ではない新たな儲けのシステム（ビジネスモデル）を立ち上げるのに十分な時間といえるかもしれません。

　最後に3つ目は、韓国が1997年に経済危機に陥った際に、「ICTを使って国家を建て直そう」というスローガンの下、組織的かつ戦略的に電子政府・電子自治体を進めてきたということです。それに対し、日本には、総合的に電子政府・電子自治体戦略を樹立し、かつ推進する組織などがないことです。

　安倍内閣は、2013年6月、「世界最先端IT国家創造宣言」を掲げ、内閣法に基づき、政府全体のIT政策の司令塔として、IT政策を強力に推進する役割を担う「内閣情報通信政策監」いわゆる政府CIOを設置しました。そして、その立場に元リコーの副社長である遠藤紘一氏を任命しました。高度な府省間の政策調整を行う権限などにより、省庁間に横串を刺し、省庁の縦割りを打破することが期待されています。しかし、その実効性について疑問を呈する声

もあります。政府 CIO の地位は、政務官レベルだといわれます。つまり、主務大臣から見ると、副大臣の下のレベル、ということになるのです。もう少し上でもよかったかもしれません。

　日本では、各省庁や各自治体で、それぞれ電子政府・電子自治体に向けた取り組みが進められてきました。そもそも電子政府・電子自治体という言葉自体が、従来のパラダイムに則った考え方を象徴しているといえるかもしれません。韓国では、電子自治体という言葉はなく、電子政府、もしくは e-Government という表記しかないのです。地方政府も「政府」にちがいないのに、地方には電子自治体という表現を使わなければいけない理由は何でしょうか。

公的な電子証明書を普及させる戦略もないまま
システムを押しつける

　そこで、私は改めて、現在の日本の電子政府・電子自治体の状況について考えてみました。日本の電子政府・電子自治体は、電子申請だけで手続きが完了するものはほとんどありません。結局、役所に行かないと完結しないものばかりです。そういった使い勝手の悪さや煩雑さが、国民を利用者に想定した電子申請全般における利用率の低迷につながっているのは明らかです。そして、国会や地方議会で常に「税金の無駄づかい」の対象として追及されています。

　さて日本の場合、インターネット上で公に自分を証明する手段は、「公的個人認証」だけですが、これを取得するには管轄する役所で、「住民基本台帳カード（通称、住基カード）」を発行してもらう必要があります。この住基カードに装備されているICチップだけに公的個人認証用の電子証明書を格納することが許されているからです。

　ところが、この住基カードを使うためには、ICカードの情報を読む「ICカードリーダー」を何千円もかけて自腹で購入し、自宅のパソコンにつなげなければなりません。このような面倒な手続きを経ないと、電子申請を完了することができないのです。その面倒を避けるといった理由のため、ほとんどの人が今まで通り、役所の窓口で各種手続きを行っています。

　しかも、転居による住所変更に伴って管轄する地方自治体が変わった場合には、新たに住基カードを発行し直さなければなりませんでした（2013年の後半に改善されましたが、マイナンバーの通知とともに、住基カードの新規発行は停止されました）。そもそも従来ある紙のカードやプラスチックカードであれば、裏に書き込めば済むだけのもの

を、住基カードをICカードにしてしまったばかりに発行し直さなければならないというのは、非常に滑稽な話です。それなのに、なぜわざわざICカードにする必要があるのでしょうか。

　住基カードの全交付枚数は2012年3月末現在で、656万枚弱にしか達していません。これは、国民の5％程度しか保有していない計算です（2015年3月末、交付数710万枚、普及率5.5％）。行政サービスに携わっている公務員ですら、10％の保有率です。普及させたい立場の人間ですらこのような普及状況なのですから、いかに魅力がないサービスか、想像できるのではないでしょうか。国民一人ひとりにマイナンバーが割り当てられると、この住基カードも新規発行が停止されるので、700万枚以上に増えることはなさそうです。住基カードがほしい、という駆け込み需要があれば別ですが。

　ちなみに、公的個人認証の発行件数に至っては、2009年度に入りようやく全国規模で100万件を達成したところです。これは日本人の人口の1％にも満たない数字です。

　かつて、日本における電子申請に関する失敗例の最たるものと言われたのが、外務省によるパスポートの電子申請でした。すでに廃止になっていますが、このサービスは、インターネット経由でパスポートの発行申請ができるというものでした。

　この問題点を指摘した国内の某コンピュータ雑誌の記事によれば、このシステムを開発するのに48億円の税金が投じられたといいます。また、毎年2億円もの維持費が発生していました。しかしながら、2005年度の利用件数は103件に留まり、2006年には廃止されてしまいました。財務省の予算執行調査によれば、1件当たりの経費は1600万円に及んだといいます。無戦略この上ない話です。

　私はこうした結果は、パスポートの電子申請にしても、住基カード、公的個人認証にしても、利用者を増やしたり、国民に普及させ

たりする戦略を考えず、見切り発車で進んだための結果だと思っています。そして今でも事情は好転していないと考えています。

　また、公的個人認証に関しては、今のような住基カードの普及が前提の仕組みではなく、たとえば、USBメモリーなどに保管できるようにするとか、パソコンにダウンロードできるようにするとか、根本的な普及促進策を早期に考えるべきです。なぜなら、住基カードや公的個人認証を基盤とする各種電子行政サービスが、前述したようにすでに岐路に立たされているからです。マイナンバー法施行後は、この貴重な経験を生かし、同じ轍を踏まないことを、公僕の一人として、強く希望しています。

　私は、住基カードをICカードにしたこと自体が誤った政策だったとは思っていませんが、ICカードを導入しなければ先進的な電子行政が実現できないという考えは、ナンセンスだと思っています。事実、韓国の場合、住基カードのような住民登録カードはプラスチックカードです。

　韓国では、日本の公的個人認証と同じ役割を果たすものが2種類あります。従来の公的個人認証と私的個人認証です。2010年現在、対象となる人口約5000万人のうち、公的個人認証の保有者が1200万人、私的個人認証の保有者が4000万人程度います。私的個人認証とは、銀行のネットバンキングなどのために使われる電子証明書です。韓国政府が、公的個人認証と同じセキュリティレベルを要求し、公的個人認証の代わりとなりうる認証として認めています。しかも、認証の内容は公的、私的を問わず、自分のパソコンやUSBメモリーにコピーしてもち歩くことができます。そのため、日本のように、ICカードリーダーがないと使えないといったこともありません。

日本の電子政府・電子自治体が
悲惨な状況になっている根本的な理由

　日本の電子政府・電子自治体の推進がこのように政府のなかで足並みが揃わない状況になっている理由としては、第1に、日本でも一部の方が指摘しているように、国の一大改革プロジェクトでもある電子行政を仕切る司令塔が不明確であること、そして、国政の最高リーダーである首相が毎年のように交代することが挙げられると思います。

　韓国の場合、よほどの理由がない限り、大統領の任期は5年間です。そのため、大統領は5年間にわたる国家戦略を練り上げ、マニフェストを作成するとともに、マニフェストに対する達成度合いなどを、毎年「白書」として国民に公開します。

　政治体制がいくら変わろうと、連続性を保つ組織を作り、しっかりとした体制で臨みさえすれば、日本でも十分できることだと思っています。2013年6月に、政府CIO（情報化統括責任者）制度も導入されました。あとは、本当にリーダーシップを発揮できるかどうかです。良い方向に向かっていくことを期待しています。

　第2に、中央政府や自治体に、ICTに関する高度な専門知識をもつ専門家が少ないことが問題として挙げられます。もちろん、何を基準にしての専門家なのかという議論もあるとは思いますが、私は、その時代に必要な知識をもつ人のことだと思っています。突出した若手人材を育成するセキュリティキャンプやソフトウェアの開発者を評価するコンテストなどは行われていますが、職員としてそれほど採用されているわけではありません。とくに自治体はさびしい限りです。

　ITの発展は目まぐるしいため、専門家の育成は簡単なことでは

ありません。しかし、それを乗り越えないと電子政府・電子自治体の実現に用いられるシステムは、ITベンダーの知識や意見に大きく左右されてしまいます。それでは「ITベンダーの言いなりだ」という声もあります。

「魚屋の店番を猫に任せるな」という韓国のことわざがあるように、営利を目的とするITベンダーに全面的に依存するのは避けたいところです。もちろん、「ITベンダーだけが悪者にされるのはいかがなものか」という意見もあり、それはそれで承知しているつもりです。

しかし、公務員とITベンダーの間にある知識の不均衡が、ITベンダーの都合の良いようにシステムが構築される大きな要因であるというのが現状です。競争原理が働かない環境のなか、結果的に国民にとってコスト高で、しかも満足のいかないシステムになってしまったのです。それにもかかわらず、国民がこのような現状に気づいていないため、いつまで経っても状況が改善されることがないのです。

とはいえ、いつまでもこのような状況が放置されるとは思いません。皆さんも応援できるところは応援し、やると決めた国や自治体の関係者を愛情をもって見守ってあげてほしいと思っています。その途中で、つまずきはたくさん出てくると思います。電子政府・電子自治体への道は誰も経験したことのない新たなパラダイムへの挑戦なのですから。

有名企業のパッケージ製品が海外で無名なワケ

　A自治体の電子自治体を担当させていただいている私が、ハードウェアやソフトウェアを調達するに当たり、現場で感じた日本のIT企業の問題点をお話ししましょう。

　電子政府や電子自治体を実現するには、情報システムが必要になりますが、情報システムを開発するには、開発言語、データベース、OS、ミドルウェアなどのシステム基盤系のソフトウェアと、その基盤の上で動作する業務用のソフトウェアが必要です。日本のICTベンダー大手には、NTTグループをはじめ、富士通、日立製作所、NECの数社がありますが、いずれも世界的に著名な企業です。

　しかし、世界の顧客のなかに、これらの企業が開発し、顧客に提案している「基盤系のソフトウェア」の製品名を知っている人はほとんどいないのではないでしょうか。しかし一方で、OSといえば、マイクロソフトのWindowsシリーズやアップルのMacOSを、業務用のアプリケーションソフトウェアといえばマイクロソフトのOfficeをすぐに思い出すことでしょう。

　たとえば、データを保管して管理するDBMS（データベース管理システム）の種類の一つにRDBMS（リレーショナルデータベース管理システム）があります。富士通は「Symfoware（シンフォウェア）」、日立は「HiRDB」、日本電気は「RIQS Ⅱ」という自社製品をもっています。また、ミドルウェアに関しては、富士通は「Interstage（インターステージ）」、日立は「Cosminexus（コズミネクサス）」という自社製品をもっています。

　しかし、これらの製品は世界市場ではそれほど知られていませ

ん。また、国内においても、これらの開発企業が提供するハードウェアや業務用プログラムと一緒に納入する付属品のような位置付けです。そのもの自体が商品として単独で売られることはまれではないでしょうか。

一方で、RDBMS市場において世界的に大きなシェアを占め、真っ先に思い浮かぶのが、米オラクル社の「Oracle」という、会社名と同名の製品です。製品名と社名が同じであることを改めて強調しておきます。

富士通や日立、NEC、それらとオラクル社の製品のちがいは一体どこにあるのでしょうか。以前私が関わったある自治体での検討時に経験した実話をお話ししましょう。

その自治体では情報システムの導入を検討しており、業務用のソフトウェアは新規で購入するものの、ハードウェアは、別の理由で調達されたままで倉庫に眠っていた新品のIBM製品を活用したいと考えていました。

そこで、当時のアプリケーションベンダーに「Windows Serverが動くマシンなので、御社のアプリケーションを載せて稼働できないだろうか。御社の製品もWindows Serverで動くでしょう？」と尋ねました。すると返ってきた答えは「弊社の業務用アプリケーションが動く環境としては、たしかにその通りです。しかし、弊社のハードウェアでしか動作検証ができないので弊社のハードウェアに、弊社の業務用のアプリケーションを載せるようにしてほしい」といわれました。数回にわたり、なぜなのか、論理的におかしいのではないかと詰め寄りましたが、結局ダメでした。

どうして、日本のメーカーは、「自社の業務用のソフトウェアはマイクロソフトのOSで動く」といいながら、他社のハードウェアではダメで、自社のハードウェアでしか動作保証ができないという

のでしょうか。おかしな話です。

　一方、オラクルのRDBMSはハードウェアのメーカーに依存することなく、どのハードウェアでも動作可能だと言います。世界標準といわれるUNIX（系OS）やWindowsの上で動くのですから当たり前の話でしょう。これらをオープンシステム、といいます。自社のハードウェアでしか動かないアプリケーション製品を、オープンシステム、とはいいません。

　富士通のRDBMSに精通した技術者は、富士通やその関連企業の社員に限られてしまいます。日立やNECでも同様です。一方、オラクルのRDBMSであれば、どのICTベンダーの技術者でも操作することができるため、ユーザー企業はより多くの優秀な技術者を使って、開発を進めることができるのです。

　このことは、入札の際にもベンダー側にとって好都合なのです。富士通や日立の業務用のアプリケーションに同社のRDBMSを組み合わせて採用した場合、これらの製品を利用して開発できるのは、同社のパートナー企業や関連企業です。システムを使い続けていくうちに、ベンダーを乗り換えにくくなる、ロックインが生じます。製品選択の幅も狭まりますし、当然ながら独占に近いので、落札価格も高くなってしまいます。

　オラクルであれば、競争の原理がより強く働きます。オープンソースソフトウェアのシステムも選択肢に上がるかもしれません。しかし、オラクルと富士通、日立、NECのRDBMSとでは、性能や品質にそれほど差があるとは思われません。それにもかかわらず、オラクルの知名度が高く、値段も高く、実際に多く売れているということは、性能や品質以外の理由が大きいのではないでしょうか。実際、私が自治体のシステムを調達する際に、富士通や日立、NECなどの和製メーカーのデータベースやミドルウェアの購入を

躊躇する理由は、品質が悪いからではありません。各社のハードウェアの上でしか動作しないから、入札の際に競争の原理がまったく働かないためです。

日本のICTベンダーはグローバル市場に飛び出せ

　このように、日本のICTベンダーはいまだに自前主義を貫き、他社を排除するような姿勢をとっていますが、はたして今後、各社が従来のように自前でデータベースやミドルウェアをもつ必要などあるのでしょうか。独立性も拡張性もないソフトウェアは使い勝手が悪く、誰も欲しがらないのではないでしょうか。

　グローバルに見渡してみても、IBMを筆頭に、大手IT企業はハードウェアからソフトウェアへとシフトし、システム開発よりもサービスの提供により利益を得ようとする動きが一般的です。何でも屋から、一番有望な分野へと大胆にシフトしているのです。今一度、日本のICTベンダーは、限られた資源を、何にどう配分すべきかについて、深く考えるべきだと思います。行き過ぎたアウトソーシングは考えものですが、とはいえ「選択と集中」を通じて、グローバル社会のなかで勝ち残るための戦略を今すぐ立て直さなければいけないと思うのです。つまり、視野を世界に向けてほしいのです。外から見ると、日本の自治体の置かれた特殊な状況がよくわかります。

　私自身は、富士通、日立、NECのRDBMSやミドルウェア部門の採算が合わず、各部門が製品開発を諦めざるえない所まで追いこまれる前に、官主導でも民主導でもよいから、ソニー、日立、東芝が中小型ディスプレイ分野でジャパンディスプレイを設立したように、各社のデータベース事業部門を統合し、世界で戦える一つの会社にするとよいのではないかと考えています。

　データベースの市場は今後衰退するような分野ではありません。コンピュータシステムには、データの保存が必要なので、デー

タベース事業は永遠に存在します。もちろん技術の進展によりRDBMSから別の方式に変わることはあるでしょうが、そうした事態こそ、オラクルの独走状態を突き崩す機会でもあります。

各社がそれぞれ独自に開発するのではなく、3社の有能な人材を集結させてよりよいものを作り、国内外の顧客へ安価に提供するのです。3社のデータベースが一つに統合されれば、少なくともこの3社のハードウェア上では動作可能になります。単純に言えば、動作可能なハードウェアが3倍になるということです。

国内の企業同士が競争しあい、それぞれの経営状況が悪くなった時点でやむをえず、各社から当該部門を切り出して合弁会社を設立した例をいくつか見ているのですが、後手後手に回ってから寄せ集めで作った会社が再生するのは容易な話ではありません。

韓国では、中小ソフトウェア企業の育成や保護の側面から、大手ITベンダーは国、自治体、公共投資機関などが発注するいかなる情報システム調達に一切参加できなくする「ソフトウェア産業振興法」が制定され、2013年以降施行されました。もちろん、調達においては発注者側の能力も問われるため、簡単な仕組みではありません。ベンダーの戸惑いがあることは事実です。しかし、やってみて、そこから問題を解決していくほかに、イノベーションの道はありません。日本のIT企業も海外市場に目を向け、名実ともにグローバルカンパニーとして競争できる体制に移るべきだと思います。

ノーベル賞受賞者を輩出する日本、していない韓国

　近年は、「日本式経営は失敗だ」とさえいわれていますが、かつては「ジャパン・アズ・ナンバーワン」といわれたように、世界中が日本の企業経営を学ぼうとしていた時期がありました。しかしながら、私は、日本式の企業経営は失敗などしていないし、起死回生は十分可能だと思っています。なぜなら、日本の高い技術力は、日本人の良さや強みそのものを表しているからです。

　日本には、ノーベル賞受賞者が大勢います。これは、日本人が何か一つのものを奥深く掘り下げたり、神業の領域にまで磨き上げるという国民性を有する証拠です。たとえば、日本には老舗企業が多く、3代目、4代目という企業が少なくありません。いったん一つの商売に打ちこみはじめると、そこから抜け出す、逃げる、といった発想は思いつきもしません。「これを磨け」といわれれば、どう磨くかをただひたすらに考える国民性であり、「外から買ってくればいいじゃないか」といった発想など微塵ももたないように見えます。

　また、バブル崩壊の前まで日本企業には終身雇用という制度がありました。一度、会社に入れば、「企業戦士」といわれるほど会社につくす人間となり、自分の人生のすべてを会社に捧げるような気持ちで仕事に打ちこみました。

　さらに、いまだに「家業を継ぐため、10年間勤めた会社を辞めて実家に戻った」という話もよく聞きます。一つの技を極めるといった職人気質が日本人の大きな特徴であり、最大の強みなのです。

　韓国には老舗企業はほとんどありませんし、終身雇用制度もあり

ません。韓国の親の99％が、「自分の職業を息子や娘に継がせたくない」「こんな苦労は子どもにはさせたくない」と思っています。もちろん、このような精神は、過去に安住せず常に新しい挑戦を続けさせる原動力にもなっているのですが。

そのような国民性をもつ日本において、もし日本式経営が失敗しているとすれば、経営そのものではなく、その動かし方に理由があると思います。日本人の国民性を生かせない社会の仕組みが最大の問題なのです。その仕組みとは、中途半端に導入された米国式経営のこと、すなわち、終身雇用の廃止、非正規雇用の導入、成果主義の導入です。

そして、人材派遣会社が人材の流動化といわれる政策に大きく加担しました。人材の流動化は企業経営には良い側面もありますが、日本的慣行である「終身雇用」の文化を否定することでもありました。会社と社員の関係はそれまでの「家族」というより、経営が悪くなればいつでもリストラをする雇用主と、より良い条件で雇ってくれる会社があればいつでも転職する労働者が互いに利用しあう冷たい関係に変貌してしまったのです。

その結果、個人と会社が一体化した従来の日本式経営がすっかり影を潜めてしまいました。若者に「運命共同体」といった意識はなく、1年ごとに会社を変える人も増えています。この状況を、経営側に都合の良い言葉で、「雇用の流動性が上がった」といっています。また、安定を求めて、優秀な人ほど地方公務員になりたがるようです。

社員はいつ解雇されるかわからない不安のなか、社内で一生懸命に技術を磨くよりも、より自分に合った職業を求めて、転職をくり返すようになっていきました。そのことによって、技術や知識、ノウハウは引き継がれることも、蓄積されることもなくなっていった

のです。
　では、日本が日本人としての良さを生かした政治や企業経営を行うためには、今後どうしたらよいか。次章は、その問いに対する私なりの意見を述べたいと思います。

コラム③　運転免許証の IC チップはなぜついているのか？

　先日、車を運転して帰宅中に東京の竹橋付近で交差点の信号が赤にもかかわらず、それを見逃し信号違反をしてしまい、潜伏中の警官に摘発されてしまいました。夜 11 時を回った時刻で、あいにく雨で前が良く見えないなかで起きってしまった事件でした。警察官の指導の下、車を路肩に止め、警官に運転免許を提示し、質問に答えながらいわゆる罰金告知書を貰い自由の身になる事ができました。数千円の罰金を科せられることより、自分が摘発されたことが個人的にはつらい気持ちでした。法律は守るためにあるものであり、法律を犯すことはいけないことであると改めて思いました。

　しかし、なぜ夜 11 時にあの暗い交差点に警官が二人も、運転手から見えないところで待ち受けていたのでしょうか？　その時間帯だと私のような人間が多く、事故が起きやすい場所だったからかと思ってみたのですが、それほど納得はできませんでした。おそらく事故多発地域にちがいないと思うこととしましたが、だとしたら事故が起きないようにするためにむしろ運転手から良く見える場所に蛍光灯でも点灯させ、運転手に注意を促すほうがより安全ではなかったのでは？

　私は 20 年以上前に韓国警察が日本の某社から運転免許関連システムを導入する際にかかわった経験があるのですが、その時のシステムと今の日本のシステムはまったく同じもののような気がします。もちろん、そのシステムを使う実務も変わっていないはずでしょう。折角、巨額のお金をかけて運転免許証に IC チップを搭載したのであれば、何か使い道があると思うのですが、その方向性が良く見えません。

　さて、その日本の運転免許システムを導入して、関連業務を行っ

ていた韓国の交通警察の仕事ぶりを少し紹介したいと思います。韓国では基本的に覆面パトカー制度はありません。また、高速道路などの急カーブなど運転手からよく見えないところに潜伏していることもありません。ましてや雨の日の夜11時に人通りも少ない市内で違反する運転手を待ち受けることもしません。

彼らの論理としては、そもそも警官は事故を予防するために存在するものであり、事故が起こった後始末のために存在するわけではないとのことです。取り締まるために存在するのではなく、違反しないようにするためにアピールし努力する必要があるのです。警察から見て危ない場所だから隠れて取り締まりをするとしたら、むしろ堂々とパトカーが見えるようにしていると運転手は違反したくてもできないはずです。

韓国では速度違反を取り締まる無人カメラが無数に設置されているのですが、設置場所の情報が公開され、一般的に車に装備されるカーナビにはその設置状況が入力されており、運転中に速度違反注意や安全のための様々な注意事項を教えてくれます。もちろん、速度違反などがカメラに撮影されると車の正面写真とナンバープレートが鮮明に印刷された摘発通報書が自宅に送付され、罰金を払わされます。

また、たまに路上で警官が取り締まりをすることになった場合、警察がもっている携帯端末に運転免許の番号などを入力して、必要事項を入力して終わります。告知書や摘発報告書は無線プリンターから印刷されるだけです。当然ながら日本の警察のように署に帰り紙の書類をパンチャーに渡して、入力してもらうような仕事はなくなっています。

交通警察官は運転免許証の住民番号を確認し、それを携帯端末に入力して違反内容などを入力して警察本庁に送信、その後、運転免許証の真偽などを確認したうえで問題なければ、携帯端末に付着さ

れているプリンターで交通反則金納付通告書を発行します。

しかも、この反則金はインターネットバンキングでも支払えるように固有の番号もついております。

一方、日本の警察官は取り締まると手書きで交通反則金納付通告書に必要な内容を記入して、交通反則告知書と納付書をくれます。納付書にはご親切に「銀行・郵便局の窓口以外では納付できません」と書いてあります。

携帯端末と携帯プリンターで取り締まり中の韓国の警察

警察官は取り締まり業務が終わると署に戻り、パンチャーに交通反則告知書を渡して、それをコンピューターに入力させます。その日の晩、おそらくバッチ作業が終わると一通りのプロセスが終わると思います。

疑問なのは電子運転免許証に入っているはずのICチップは何をするのに使うのでしょうか？ 偽造運転免許の確認のためでしょうか？ でしたら、すべて外勤する警察官は運転免許証のICチップを読めるリーダーを携帯しているのでしょうか？ おそらくそれはないと思いますが。ちなみに韓国の運転免許証は恥ずかしいことにいまだに単なるプラスチックです。

この運転免許管理システムは、全国47都道府県の内で46自治体が同じ会社のシステムを使っています。でしたら、運転免許管理システムという一つのシステムを購入して共同利用すればよいのではないでしょうか？

　自治体クラウドは自治体ごとの特性があるとすればそれまでですが、このシステムはちがうといけないはずです。このベンダーさんはこの旧石器時代のシステムを、5年毎にシステム更新という名目で46自治体に販売しているのが現状です。毎年お金をいくら払っているのか気になりますが……。

　売るのは良いのですが、できれば少なくとも、韓国の警察システムをはるかに超える、最先端のシステムを開発して、日本の警察の業務効率化に寄与してほしいと思います。

　最先端運転免許システムは「電子運転免許証」の発行で完成するものではなく、プラスチック運転免許証であっても業務プロセスの見直しをすることでできるものではないでしょうか。

第5章 変革への道筋

危機に直面してこそ、「なせばなる」

　私が生まれたのは1962年です。その年、韓国では大きな変化が起こりました。

　朝鮮戦争の後、韓国は政治的にも社会的にも混乱を極めていました。毎日のように繰り広げられる政治闘争や学生デモは激しさを増していきました。これらの社会的な不安を収拾するという大義名分のもとに、当時、軍人だった朴正熙将軍が軍事クーデターを起こし当時の政権を転覆したのです。1962年には、革命政府という名の、いわゆる軍事政権を樹立しました。朴正熙将軍は形式的には民政移譲を実行したものの翌1963年、自らを大統領として選出しました。朴大統領は、1979年10月26日、韓国中央情報部（KCIA）の責任者に暗殺されるまで、17年間の長きに渡り、軍事独裁政権を続けました。朴大統領については韓国では、尊敬すべき人物であるとか、単なる軍事独裁者であるとか、今日もなお、評価が真っ二つに分かれています。

　その頃、韓国では疲弊していた国家経済を再建しようということで、朴大統領の指導のもとに全国的な復興運動が起こりました。それにあわせて、私が通っていた小中学校の校舎の至るところに「ハミョンテンダ」という標語が掲げられ、常にそれらを呟いていた記憶があります。その言葉は日本語で「なせばなる」という意味でし

た。戦後、疲弊していた経済状況から復興するために、国民を啓蒙するための標語だったと記憶しています。

　それから数十年が経ち、2007年頃、私は日本で開催された電子政府関連セミナーの講師として招かれて講演後、参加者の方から「韓国のIT化が進み、電子政府・電子自治体が先進的であることはわかりました。では、今後日本が韓国のように先進的な電子政府・電子自治体を実現するためには、どうしたらよいのでしょうか」という質問を受けました。私は迷うことなく、「ハミョンテンダ！」という韓国語の意味を説明しながら、いろいろと参加者の方と話をしました。

　その時に「『なせばなる』という言葉の由来は、日本にあるのではありませんか」というコメントをいただきました。調べてみると、たしかにそのとおりでした。朴大統領はもともと日本軍の満州軍官学校出身で、関東軍に所属していたことがあります。その際に、朴大統領は上杉鷹山公の「為せば成る　為さねば成らぬ何事も成らぬは人の為さぬなりけり」という名言に惚れたのではないでしょうか。後で本人が韓国の大統領になり、韓国人の士気を高めて復興運動をさせるために、その言葉を用いたのではないかと推測しました。

　日本では、政治にしても経済にしても、あまり元気がなく、自信に満ち溢れる人々が少ないように感じます。電子政府・電子自治体などの推進の現場で仕事をしている私が関係者の皆様にあるべき姿を説明し、精力的に進めようとしても、周りからは「よし！　やるぞ」というような元気あふれる言葉よりも、「そんなこと言ってもできるわけない」という諦めの声が聞こえてきます。たしかに周りの状況を見ていると、現状を打開する希望的な要素は少ないかもしれません。

しかし、廃墟であった戦後日本が、今日の世界的な経済大国に発展するまで世界に見せてきた日本人の底力をなぜ信じないのでしょうか。現実的には難問山積であり、障害も多いかもしれませんが、希望をもって前に進む以外に選択肢はないと思います。危ういと思うときこそチャンスもあります。こういうときこそ、上杉鷹山公の名言「為せば成る 為さねば成らぬ何事も 成らぬは人の為さぬなりけり」の精神が必要ではないかと思います。

韓国と日本の選挙

　今や韓国では「インターネット民主主義」が定着しています。議員立候補者がツイッターやフェイスブックなどのSNSを通して、有権者に直接訴えかけて支持を集めたり、インターネットによる書き込みなどを通して、世論が形成されたりしています。その一方で、選挙に出るとプライバシーがすべて公けになり、インターネットを通じて公開されてしまうといった問題も発生しています。日本でも、インターネットを利用した選挙活動が解禁されました。有権者の行動は変わるでしょうか。まずは、昨今の韓国におけるインターネット民主主義の実情をお話ししましょう。

　2006年から2011年8月までソウル市長を務めた呉世勲氏(オ・セフン)の市長辞任をめぐる動きは、インターネットの力を見せつけられるできごとでした。

　2011年に、野党の民主党が、市内の小・中学校すべての給食を無償化することを議会に提案して可決されました。当時の呉市長は、裕福な子どもの給食まで無償にするのはおかしいとしてこれに反対し、住民投票をすることになりました。しかし住民投票の場合は、投票率が33.3％を超えないと、開票すらされません。与党は投票を呼びかけ、一方の野党は投票のボイコットを呼びかけました。

　結局投票率は約25.7％と開票基準に満たなかったため住民投票は成立せず、住民投票で負けた場合には市長を辞任すると宣言していた呉氏は市長を辞任することになったのです。これは、2013年に国政の総選挙や大統領選挙を控えた与党ハンナラ党に大きな打撃となりました。

　呉氏辞任を受けて行われた市長補欠選挙では、与党候補の国会議

員で元判事の羅卿瑗(ナ・ギョンウォン)氏と、野党候補の市民運動家、朴元淳(パク・ウォンスン)氏の対決になりました。

ソウル市の朴市長と市長室壁面に貼られたメモ。選挙時に支持者からもらった市長への願い事を書いたメモを市長室の壁に貼ってある

ところがここで与党は手を回し、市長補欠選挙で使う投票所の場所を、先に行われた住民投票の際に割り当てられた投票所の場所から大幅に変更してしまいました。そのため、住民は自分の投票所がどこなのか、よくわからなくなってしまいました。とはいえ、選挙管理委員会のホームページでは、自分の番号を入力すると自分の投票所を検索できるしくみになっていました。

ところが、通勤時に期日前投票をする人々が多い韓国で、投票所を確認しようとする朝の時間帯に限って、選管のホームページがダウンしてしまうという現象が起きたのです。調べたところ、与党である国会議長の秘書とソウル市長選対策責任者である国会議員の秘書が共謀し、外部の業者を使ってDDoS攻撃（多数のコンピュータから大量の処理負荷を与え、サーバーの機能を妨害すること）を仕掛けていたことが分かったのです。その結果、秘書2人は逮捕、国会議長と

国会議員の2人も責任を取って辞任せざるを得ませんでした。そしてそれにより、当日の投票率は飛躍的に高まり、与党は惨敗しました。

　韓国では、選挙運動や選挙管理の多くがインターネットを通じて行われるため、こうした事件は人びとの選挙行動に大きな影響を与えるだけでなく、大きな批判を浴びることにもなりました。

「認証ショット」で仲間を投票に誘う若者たち

　今ではインターネット民主主義は韓国に定着しています。従来の民主主義は、議員立候補者が宣伝カーやテレビを通じて、自分の意見や主張を一方的に訴えるものでした。そのため、1対多数の関係でした。しかし、現在は、議員立候補者がツイッターやフェイスブックなどSNSを通して、直接有権者に訴えかけるため、1対1の関係になっています。また、インターネットによる書き込みなどでも、世論が形成されています。

　そういったなか、投票率は5～6割と高く、インターネットで形成された国民の声は無視できないものになっています。

　2012年4月に行われた総選挙でも、インターネットによる情報公開が人びとの投票行動に大きな影響を与えました。

　韓国では大学の修士論文はすべてインターネット上で公開されています。これらを、コンピュータプログラムを使って解析し、盗用や代筆によって修士論文を書いた議員が、ネット上で公開されました。韓国の議員は半数以上が修士以上の学歴をもっているので、これは選挙に大きな影響を与えました。ほかにも犯罪歴や過去の発言など、候補者のさまざまな情報がインターネット上に公開されました。選挙に出るとすべての情報が公けになり、プライバシーがなくなるため、政治家になるには覚悟が要ります。

　選挙当日には、すべての選挙運動が禁止されます。「投票に行こう」と勧誘したり呼びかけたりするのは、選挙違反に当たるのです。しかし、若者の間では、ツイッターやフェイスブックを使って「政権を変えるために選挙に行こう」という運動が盛り上がりました。投票所の前で自分の姿を写真に撮って、ツイッターやフェイス

ブックにアップする「認証ショット」により、「私は投票に行ってきました！」と単に事実を報告することで間接的に、仲間に「君も投票に行こう」と呼びかけたのです。

過去の選挙では、歌手や俳優などの「有名人」が認証ショットを公開すると選挙運動とみなされ、その行為自体が違法と判断されるケースもありましたが、これを逆手にとった人たちが、「あなたが『有名人』かどうか、認証ショットで試してみよう。有名人かどうかは選挙管理委員会が判別してくれるよ」と皮肉たっぷりに訴えかけたことで、余計に若者の選挙への注目度が上がりました。実際に誰もが認める有名人などは、顔を半分隠した認識ショットを公開したりしました。

2012年4月の総選挙の投票率は54.3％となり、前回の国会議員選挙より8％も高い投票率を記録しました。現職の大物議員が次々と落選し、議席の約半数が新人議員で占められました。また、議席総数300のうち約50議席が、1000票未満（1％未満）の差で獲得されています。なかには3～4票差という僅差だった議席もありました。人びとは、自分の投票が政治を動かすという手応えを感じました。

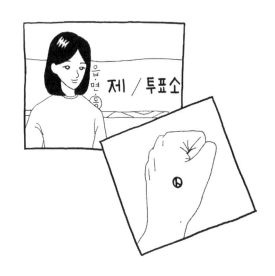

韓国版「ジャスミン革命」

　韓国において、ここまでネット世論が重要視されるようになってきたのは、実は1998年の韓国版ジャスミン革命が関係しています。

　1997年の東南アジア通貨危機の影響で深刻な経済危機に陥った韓国では、翌年大統領に就任した金大中政権がIT産業を奨励し、インターネットが国民の間に急速に普及しました。それだけでなく、インターネットの力をテコにして、韓国の民主主義も大きく変化したのです。

　IT産業を奨励した、当の金大中大統領政権下の出来事は象徴的でした。野党から大統領に就任した金大中大統領でしたが、実は、就任後初の国会議員選挙で、既存議員のほとんどを公認しようとしたのです。国民は政権交代で大きく政治が変わることを期待していたにもかかわらず、これまで通り、昔ながらの利益誘導型の議員ばかりが公認されたために、国民の間で大きな反対運動が起きました。

　多くのNPOが立ち上げられ、公認反対運動本部を作ってインターネットを使い国民に運動の拡大を広く呼びかけました。公認された候補者については、学歴や経歴の真偽、これまでの政治活動、財産などの情報が調べ上げられ、ウェブサイトなどで次々と公開されました。

　やがてこの運動は、公認反対運動から、公認された人に対する落選運動へと発展しました。候補者側は、落選運動に対して違法だと抗議し、検察も動き始めました。しかし、こうした落選運動を支持する有識者や弁護士が立ち上がり、「もし立件された場合は無償で弁護する」と公言し、さらに落選運動は勢いを増していったので

す。

　結果的にNPOなどの市民団体が訴えられることはなく、選挙では大物政治家の半数が落選、議員の約7割が入れ替わるという結果になりました。これが韓国版ジャスミン革命と呼ばれるものです。

　2002年12月に行われた次の大統領選挙では、盧武鉉(ノ・ムヒョン)氏が、インターネット民主主義ブームの影響を大きく受けて当選しました。日本で言う、地盤（支持者組織）・看板（知名度）・かばん（選挙資金）の「3バン」を持たなかった盧氏は、インターネット上で生まれた「ノサモ」（ノムヒョヌル・サランハヌン・サラムドゥレ・モイム：ノ・ムヒョンを愛する会、の略）という運動を中心に支持者を集めました。

　元々盧武鉉氏は勤めていた釜山(プサン)商工会議所を辞め、独学で弁護士になった人です。その後、民主主義のための学生運動を無償で支援する人権弁護士となり、それをきっかけに政治家に転身したのです。彼自身、プログラミングが得意だったため、インターネットを通じて、民衆と積極的にコミュニケーションを図っていきました。そのなかで、生まれたノサモを基盤に、13万人以上から政治献金が集まり、既存政治家の組織票を上回って与党候補に選ばれ大統領にまで昇り詰めたのです。

ポピュリズムという批判があるものの

　実は、深刻な経済危機に陥った1997年ごろ、私は韓国に絶望していました。企業倒産は相次ぎ、ホームレスも増えていました。変わらない政治、尊敬できるリーダーもいない、貧しい家庭の子どもは高い教育が受けられず、格差が存在していました。いくら選挙をしても、相変わらずお金と権力をもった、私利私欲にまみれた政治家しか当選しない。私は、自分にできることなど何もないのではないかという無力感でいっぱいでした。この国で息子を育てたくなかった。ついに韓国に見切りをつけ、国を離れたのです。

　しかしその後の韓国は、インターネットをうまく活用して大きく変わりました。以前の韓国では、政治権力はいくつかの有力な新聞や雑誌、テレビ放送局さえ押さえておけば、世論操作も不可能ではない状況にありました。しかし、いまや、誰も押さえきれないインターネットメディアの登場により、権力側は世論操作の術を失いました。韓国ではインターネット新聞が政治・経済などの分野ごとに数多く活動しており、国民の知る権利を満たしています。

　また、インターネット新聞は単なるネットの書き込みサイトではなく、マスコミとしての権限と責任が社会的に広く認められています。

　このようなことから、政治家への国民の監視の目は厳しくなりました。今では、毎回の選挙ごとに、議席の４割以上が落選して入れ替わるという状況です。

　こうした動きに対し、「ポピュリズム（大衆迎合主義）につながる」との批判もあるでしょう。たしかにプラスの面、マイナスの面の両方があると思います。しかし、従来のままの何も変わらない状態よ

りは、政治を良くしていける可能性をもっていることはたしかだと思います。

　長い一党独裁の後、野党が政権を取ったものの、政権運営の力が弱く、失言や汚職などで次々とトップの顔ぶれが変わってしまう。経験のある重鎮の政治家を起用すると、それもまた批判される──。日本の話かと思われるかもしれませんが、かつての韓国の政治の姿です。

　日本でも、いよいよ政治や選挙にインターネットが活用されるようになりました。これまでのように、数少ないマスコミを押さえこむだけで済みません。政治家にとってはこれを歓迎する人と、そうでない人にわかれているようです。それほど、インターネット民主主義は政治家にとって怖い力をもったものなのです。インターネット上に流れている情報がすべて正しいとは限りませんので、思惑のある特定の人間に情報操作されてしまうなどのデメリットはあるかもしれません。とはいえ、いまの政治の状況においてもすでに多くのデメリットがあります。

　有権者はITリテラシーを高め、不特定多数に迎合することなく、自分の目で判断するといった能力を養うことが大切になります。日本の国民は良識をもっていますので、プラス面、マイナス面を見ながらバランスをとり、判断することができると信じています。

韓国でのICTに対する世論

　韓国では2012年12月に大統領選挙が行われ、与党セヌリ党の朴槿恵氏が大統領に就任しました。選挙戦では同氏に加え、民主統合党の文在寅氏、無所属の安哲秀氏の3人の立候補者が激しい接戦を繰り広げました。文氏と安氏は候補者の一本化を進め、共同戦線を張りました。ただ、当時、この3人の候補者に共通しているのは、ICTを韓国の戦略産業の中心に位置付けている点でした。

　大統領になった朴槿恵氏は選挙活動中、「創造経済論」のなかで7つの課題を紹介しています。

　1つ目は、国民を幸福にすることができる技術を開発し、全産業に適用することです。具体的には、ヘルスケアや安全保障などを通じて国民が生活のあらゆる面で技術的な恩恵を受けられるようにするとしています。そのため、ICTを含む科学技術を農業、漁業、製造業と融合させ、国民生活に浸透させていくと述べていました。

　2つ目は、ソフトウェア産業を未来再成長産業として育成するということです。とくに「ソフトウェアは無料である」という考え方をすて、適切な値段を支払うような文化を創るというものです。

　3つ目は、ソフトウェアとデザインを融合させるということです。なぜ、日本も韓国もアップルに負けたのでしょうか。それは、ハードウェアを作る高い技術力はあっても、ソフトウェアとデザインを融合させて一つの付加価値を作り出すという考え方が日本人にも韓国人にもなかったからではないでしょうか。そこで、ベンチャー企業などを応援し、こういった創造性が芽生えるような土壌を国として作っていこうというものです。

　4つ目は、創造性溢れる電子政府を作るということです。政府

は、行政がもっているあらゆる情報を大幅に開放し、新しい市場を作っていくとしています。

5つ目は、新たに未来創造科学部という省庁を創設するというものです。ここでは創意のある融合人材を育成し、研究開発を支援するとしています。現在、韓国には、知識を一つの大きな財産と見なし、経済活動を行っていこうという知識経済部という省庁がありますが、未来創造科学部は知識をはるかに超えた創造を主軸とする省庁となります。

6つ目は、創業国家を作るということです。韓国では定年が早いため、退職後も国民が自立していけるように、エンジェルキャピタルを用意するなど創業支援を行うとしています。

7つ目は、青年の失業率の高さの解消です。そのため、従来の学歴をこえた採用システムを国家的に構築し、企業が人材を採用する際には、学歴ではなくその人の情熱や創意を評価するようにしていくとしています。また、青年が海外で就職できるような仕組みも作ると言っています。

一方、敗れはしたものの、最大野党の民主統合党の文在寅氏は、2012年10月15日の政策発表会において、自分が当選したら、ICT強国コリアの威厳を取り戻し、第2のインターネット革命を起こし、ICTルネサンス時代を拓きたいと公約しました。とくに韓国経済のさらなる飛躍のためには、ICT先進国としての威厳の回復が必須であると言い、ICT産業振興5大政策を発表しました。その大まかな内容は以下の通りです。

1つ目は、ICT産業を国家戦略産業として育成することです。ICT産業を国家戦略産業として育てるために、大統領府直轄の国家戦略産業支援管理室を設けます。ここではICT経済と産業活性化に関する政策を樹立し、政府として、法律、資本市場、制度など

でICT産業の生態系を育成できる環境を整備すると述べています。

2つ目は、韓国をインターネット自由国家にすることです。インターネット時代を迎えるなか、国民の表現の自由を最大限保証するとともに、誰でも経済的な面で苦労することなくSNSなどインターネットを利用できるよう、家計支出のなかで通信費が占める割合を大幅に減らす法案を考えるとしています。

3つ目は、ICT分野での良き（良質な）仕事を50万人分以上作ることです。「江南（カンナム）スタイル」という曲で、米国のビルボードチャートで6週連続2位になった韓国人歌手PSY（サイ）の成功事例は、競争力あるコンテンツとICTが結合すると、過去には想像すらできなかったことが可能になるという良き例ですが、これらがインターネットがもつ魅力であり、力であり、価値であるとしています。そして、このような価値を生かすことで、良き仕事を50万人分以上作ることは可能であると宣言しています。

4つ目は、「相生（共生）」と融合をキーワードにしたICT生態系をしっかりと作ることです。民主統合党は2000年代、ITベンチャーブームを起こした金大中（キム・デジュン）大統領を輩出した政党であり、自らソフトウェアのプログラムも書いた盧武鉉（ノ・ムヒョン）大統領が引き継いだ政党でもあります。伝統もあり、経験もあります。ICT創業の精神と起業家精神を目覚めさせ、ICT分野を良き仕事の宝庫にすること、そして、相生と融合のICT産業の生態系を作ることだといいます。

5つ目は、政府内にICTの司令塔を作ることです。金大中大統領の時代に新設されて韓国のICT産業に大きな威力を発揮したものの、李明博（イ・ミョンバク）前大統領が廃止した情報通信部の機能をもつ政府機関を復活させ、改めて、ICT立国を目指すとしていました。

落選したものの、これらの公約を支持した国民が多かったのも事実です。

3人目の安哲秀氏は、国内最大のセキュリティソフトの開発とサービスを行うアンラボ（Ahn Lab）社の創業者であることから、ICTに関する知識や知見が豊富であるのは明らかで、国政においても大いにそれらの能力を発揮したいと語っていました。

　大統領選挙における選挙活動の最大の特徴はICTを駆使している点にありました。

　国民は各候補者がどのようなビジョンをもっているのかがわからなければ、誰に投票すればよいかがわかりません。そこで、各候補の下には、デジタル選挙活動を効果的に行うため、デジタル選挙戦略本部が組織されました。そして、国民一人ひとりに自分のビジョンを届けようと、フェイスブックやツイッターなどSNSを使った激しい選挙活動が展開されていたのです。

　その背景には、スマートフォンなどモバイル機器の普及があります。現在、韓国国民5000万人のうち、スマートフォンをもっている人はすでに3000万人を突破しており、インターネットは新聞やTV以上に影響力の強いメディアとなっています。

　とくに、無所属の安哲秀氏はどの政党にも入っていないハンディを克服するため、ICTをフル活用し、国民一人ひとりに自分のビジョンを直接訴えかけ、支持を得ようとしました。もし安哲秀氏が当選していたら、新しい時代の幕開けになっていたことでしょう。

　このようにICTは、自分のビジョンを国民一人ひとりに確実に届けるための有効なツールとなっています。しかし、それだけにとどまりません。これまでの選挙活動では不可能だったことも可能にしているからです。

　たとえば、文在寅氏は、今回、無色透明な政治資金を獲得するための選挙資金ファンド「文在寅ファンド」を創設しました。大統領選挙において選挙活動を行うには莫大な資金が必要です。しかしな

がら、特定の業界団体から資金援助を受けてしまうと、利害関係が生じ、自分が本当に実現したいビジョンを主張できなくなってしまう可能性が出てきます。自分のビジョンを正々堂々と主張するには、無色透明な政治資金を得る必要があります。そこで、文氏が始めたのが、選挙資金用ファンドです。

選挙管理委員会が定めた、第18代大統領選挙における選挙費用の上限額は、555億7900万ウォンでした。そのうち200億ウォンを国民から支援してもらおうという試みです。実際、このファンドは募集からわずか56時間で3万4799人が参加し、目標金額である200億ウォンが集まるなど、国民からの参加は活発でした。

このファンドの仕組みは次の通りです。

野党の推す大統領候補だった文氏の募金Webページ

選挙終了後、文氏の所属政党である民主統合党は、選挙管理委員会から2013年2月27日（選挙日から70日以内）までに、選挙補てん金を支払ってもらうことになります。しかし、そこには条件があります。文候補がこの選挙で、公職選挙法で定める得票率15％以上を獲得できなかった場合には選挙補てん金は支払われないというものです。

一方、投資家としての立場からみると、大統領選挙での当落にかかわらず全投票数のなかの15％以上の票を候補者が得られれば、国からもらった選挙補てん金を原資として、そこから投じた金額に年利約3％の利子が上乗せされたリターンを受け取ることができる仕組みです。もちろん、文氏の得票率が15％を下回ると投資したお金は戻らないことを承知の上での、一種の政治献金です。

　結果的に、与党候補も野党候補も40％を超える得票率を得たため、投資家には約束通りのリターンが還付されました。

　その点で、もう一人の有力候補であったものの、選挙戦途中で野党候補一本化のために出馬を辞退した安哲秀氏もまた「ICTを駆使することで、いかにお金を使わずに選挙活動を行うかということに挑戦している候補者」と呼べるかもしれません。

　実は、安氏は、大統領選の2年ほど前からツイッターと自分のホームページを通じて、若者にさまざまな呼びかけを行ってきました。韓国では、青年の失業者と自殺者が多く、青年が夢や希望を描きづらい社会となっています。そういった若者に向けて、SNSなどを利用して広く呼びかけるだけでなく、実際に、学生会館などで「希望コンサート」と呼ばれるイベントを実施したり、講演活動を行ったりしてきました。

　いずれにせよ、私自身は、特定の業界団体の選挙資金に頼ることなく、自分のビジョンを堂々と主張する、そんな候補者を応援したいと思っています。

日本の国家機関の ICT リテラシーの低さを露呈した誤認逮捕

　韓国では各党が大統領候補者を選ぶ際に、ネットで「予備選」を実施しています。具体的には、まず党内で大統領への立候補者を募り、手を挙げた複数の立候補者に対して、党員および、選挙に参加したいと希望する支持者を束ねて投票団を結成し、選挙を行い、候補者を一人に絞り込むというものです。国民はインターネットやスマートフォンなどを使い、ネット経由で投票に参加できます。民主統合党の文在寅氏は、このネット予備選によって選ばれた候補者なのです。

　ところで、これは余談ですが、以前、進歩党という党で党首を選ぶ際に、ネット投票を行ったところ、データが改ざんされていることが判明しました。同じ IP アドレスから、何回も投票されていたのです。その結果、投票が無効になったと同時に、選挙違反者が複数逮捕されるという事態に陥りました。

　とはいえ、韓国では、このようにサイバー犯罪は多いものの、国家機関の ICT リテラシーが高いので、すぐに犯人は検挙されます。一方、日本では、パソコンを遠隔操作するウイルスに感染したパソコンユーザーが誤認逮捕されるという事件が起こりました。しかも誤認逮捕だということがわかったのは、真犯人が声明を出してからです。このことは日本の国家機関の ICT リテラシーの低さを露呈するものでした。私の個人的な見解ですが、韓国では日本よりネットが社会の隅々にまで入り込んでいることから、なおさら、そういったミスはあってはならず、国全体が混乱に陥る可能性が高いことから、それらに対して万全を期していると思われます。

　ところで、このような状況を鑑みるに、近い将来、韓国では国政

選挙でもインターネット選挙が実現されるのではないかと思われる方も多いのではないかと思います。しかし、私はそれは当分先のことになるのではないかと考えています。理由は、サイバー犯罪を阻止するのは至難の業だからです。ICT リテラシーの高い韓国でさえ、選挙の際は、今でも投票場へ自ら足を運び、紙に記入し、政府から配布されたハンコを押印して投票しているのです。

　しかしながら、日本とちがう点は投票用紙にあらかじめ候補者の名前が印刷されており、投票者は自分が支持する候補者の名前の上にハンコを押すだけだ、ということです。開票時には、投票用紙をスキャナーを使って読み取り集計します。

　つまり、電子投票システムは実現していないものの、「電子開票システム」は実現しています。韓国でもこのような状況なのですから、日本でインターネット選挙を実現するにあたっては、サイバー犯罪に対する憂慮を払拭することをお勧めします。

　なお、米国のオバマ大統領は投票に関するビッグデータをデータサイエンティストに分析させ、緻密な選挙戦略を展開したといわれます。国を問わず今後は政治活動に ICT を活用し、国民の参加意識を高めることが大事なのではないでしょうか。

グローバルで戦うように仕向け、
外需の獲得を目指す「ソフトウェア振興法」

　近年、韓国政府はITと行政サービスの融合を通じて電子政府サービスをいつでもどこでも利用できる「スマート電子政府」を推進してきました。その結果、世界193か国を対象に、国連が2003年以降1年おきに実施している、電子政府の発展水準を評価した「電子政府発展指数」部門と、インターネットを通じて国民が政策参与している水準を評価した「オンライン参与指数」部門で、2010年と2012年に世界1位を獲得しました。

　このような成果を土台に、韓国行政安全部と知識経済部の共催により、2012年11月18日と19日の両日ソウルのロッテホテルで、「GeGF2012（グローバル・e-ガバメント・フォーラム）」が開催されました。

　この国際会議のテーマは「より進化した未来のためのスマート電子政府」で、目的は電子政府の核となる価値を共有すること、世界規模での情報格差を解消する法案などを論議し、課題解決に向けた国際的な協力体制を構築することです。

　同フォーラムには、19か国から参加した大臣、副大臣級の要人を含め、国連、世界銀行、学界、国内外のICT企業から延べ700名あまりが参加し、熱い議論を交わしました。

　また、会場には展示ブースも設けられ、そこでは、世界1位を獲得した韓国の電子政府の設計や構築に携わった公務員、サムスンやLG電子の社員が来場者に応対しました。展示ブースの一角では、韓国政府の公務員が各国の電子政府の設計や構築に関するコンサルティングを行っていました。

　加えて、韓国におけるICTを駆使した教育システムや、日本で

は失敗事例として有名になりましたが、韓国では成功事例として有名な特許庁の「特許情報システム」、韓国消防災害庁のSNSを駆使した「救急システム」、「無人図書貸し出しシステム」なども紹介されていました。

　SNSを駆使した救急システムでは、スマートフォンやタブレットを装備し、それらを通じて、救急システムの機能をフルに使いこなせるバイクが展示されていました。救急処置は1分1秒が勝負です。救急車に比べてバイクの方がいち早く現場に急行できるので、まずはバイクに乗った救命員が救急現場に駆けつけて応急処置を施し、救命活動に必要なデータを救急センターに送信し、その後、遅れて到着した救急車が引き継ぐというものです。

　救急システムの集中管理室では、各バイクの現在地をスマートフォンやタブレットに内蔵されたGPSによって確認できるようになっていて、救急現場に最も近い場所にいるバイクにSNSを使って指示を出し、現場に急行させるという仕組みです。

　また、無人図書貸し出しシステムとは、図書館のホームページから借りたい本と、本の受け渡し場所を登録すると、駅などに設置されたロッカーに本が届くというものです。市民は図書カードと暗証番号を使ってロッカーを解錠します。返却する際も最寄りのロッカーに入れておけば、図書館の職員がピックアップしてくれます。本にRFIDが付いているので、誰が借りた本なのかが簡単に分かるようになっています。

　さて、第4章でも触れましたが、2012年、韓国政府は「ソフトウェア産業振興法」を可決しました。その結果、2013年からは、韓国の大手IT企業は、自国の政府や地方自治体、公共機関などの事業に対して一切入札できなくなってしまいました。

　今までの韓国の電子政府の構築事業は大手IT企業の独占状態に

ありました。そのため、大手IT企業は国内市場に甘んじ、海外市場への進出をあまり積極的に行おうとしませんでした。その結果、韓国のソフトウェア関連の中小企業は平等な発展の機会を失っていたのです。

このような状況のなか、韓国の大手IT企業はソフトウェア振興法施行後、どうやって生きていけばよいというのでしょう。そこに、韓国政府の戦略があります。

韓国政府は、「韓国のITを世界中に輸出する」という政策を掲げており、ソフトウェア産業振興法はこの一環です。韓国のIT企業は今後、国内の公共事業に関与できない分、海外に進出せざるをえないのですが、それを韓国政府がODA（政府開発援助）という形で後押ししようというわけです。

たとえば、ある国が韓国の住民基本台帳システムを導入したいというのであれば、韓国政府がシステム構築に必要なお金をその国に無償で提供し、韓国の大手IT企業がその国から仕事を受注するという仕組みです。ODA契約をしたからといって、その国で韓国のIT企業が必ず受注できるという保証はありませんが、その可能性は限りなく高いというのはいうまでもありません。

実際、韓国政府がITに関してODAを行った国と地域は、すでに数十か国におよんでいます。直近の話では、2009年から韓国とベトナムの政府間協力事業として推進してきた「ベトナム政府データセンター事業」があります。2011年5月には、ベトナムの情報通信部が韓国モデルを導入することに合意しました。

他にも、モザンビーク共和国の「災難情報化事業」、エクアドル共和国の「電子通関システム」、モンゴル国の「国税情報化事業」など、2011年の上半期だけでも、電子政府関連輸出額は1億5000万ドルに上ります。このように政府と企業が両輪となって、海外で

公共事業を請負っているのです（韓国「国家情報化白書2011」より）

　今回、GeGFの会場では、韓国の電子政府の素晴らしさが至るところでアピールされ、自国の国家情報化戦略をどう進めていけばよいかについてコンサルティングを受けたいという国に対して、積極的にODA契約が進められていました。

　日本も、1954年にビルマと結んだ「日本・ビルマ平和条約及び賠償・経済協力協定」を機に、フィリピンやインドネシアなど多くの発展途上国とODA契約を結んできました。しかし、その大半がダムや道路、鉄道、発電所などハードウェアのインフラの整備事業です。

　それに対し、韓国のODAはソフトウェア事業が中心であることが特徴です。ソフトウェア開発なので、現地で必ずしも行う必要がなく、雇用自体が韓国国内に残る可能性が高いというメリットがあります。

　そもそも、韓国がこのようなODA戦略を打ち出せるのは、韓国の電子政府が、国連が示す電子政府ランキングで世界一になったからです。韓国政府が電子政府ランキングで世界一を獲得できた背景には、それなりの努力がありました。国連が提示するKPI（重要業績評価指標）に対して、高得点が獲得できるような施策を執ってきたのです。

　国連が示しているKPIの根幹には、「政府が国民に対して、いかにシームレスな行政を提供しているか」があります。韓国政府では、「『いつでもどこでも各種証明書を受け取れる行政』が上位にランキングされるのであれば、我々はITによって、『各種証明書を提出しなくても済む行政』を目指そう」というように、具体的に目標を絞って、それに合わせて多くの法制度の改正を行ってきました。

日本の電子行政の中核を担っている有識者のなかでは、国連の電子政府ランキングで韓国が世界一になったこと、また、日本が低く評価されたことはまちがいだという方々もいるようですが、電子政府ランキングで韓国が１位になったことを否定するより、どうして１位になったのか、その判定の根拠を探し、その根拠を踏まえて日本も１位にさせる努力をすべきではないかと思います。

　もちろん、韓国政府のODA戦略の裏には、いったん、韓国の製品やサービスが入ってしまえば、いつかその国が豊かになった時に韓国の製品に愛着を感じて買ってもらえるのではないか、というしたたかな目論見があります。しかし、ODAを通じて、こういった経験やノウハウを世界各国に伝播するということは、世界中をより便利な世の中にするということであり、その点においても非常に価値のあることではないかと思っています。

　また、国連の事務総長や世界銀行の代表が韓国出身であることからもわかるように、国際機関にどれだけ多くの韓国人を送り込むかについても尽力しています。日本政府にそういった意識はあるでしょうか。一度、振り返ってみてほしいと思います。

すべてが私の責任です！

　アベノミクスで、少し盛り上がりを見せていますが、まだ、欧州経済も不安定ですし、中国やインドの成長率も低迷を続けています。韓国の景気もパッとしません。日本もデフレを脱しきれず、とくに地方の景気低迷はまだ続いています。2020年の東京でのオリンピック開催は、ひとつのシンボルになりそうですが、地方まで回復するには、まだ時間がかかりそうです。

　都市も地方も実に豊かであったこの国の経済を、ここまで脆弱にさせたのは、誰の責任なのか。しかし、私の責任です！　と叫んでいる人を見たことも聞いたこともありません。責任を取るよりも、手を動かせ、ということで登場した安倍政権の金融・財政政策は一定の成果を見せています。ただ、旧態依然とした企業が再び、公共事業に群がるようでは、失われた歳月が続くだけかもしれません。

　私は1997年ころ、山一證券が破たんした時にテレビの前で、涙を流しながら、「すべてが私の責任であり、わが社の社員には罪が無いです！」と叫んでいた山一證券の幹部の姿が忘れられません。あのインタビューを見た、韓国人のほとんどは潔く責任を背負っている姿に感動さえ覚えていたにちがいありません。

　先ごろ、福島第一原発で、海水を注入する決断をした吉田所長が亡くなりました。勇敢な決断は国を救った、と評されました。それとは対照的に、元首相が発した発言が「責任逃れだ」と物議を醸しました。

　韓国も経済危機に陥って国が倒産する寸前までに至り、政府が国際通貨基金（IMF）からお金を借りてやっと窮地を脱しました。この出来事はまだ記憶に新しいものです。

当時、韓国人は皆が国の倒産という事態が国民の生活にどのような影響を与えるのか、痛切に実感しました。その時は誰の責任云々する余裕もなく、目の前で展開される悲惨な状況にただ鬱憤を溜めるだけでした。会社や銀行などがわずか1か月ほどの間に次々に倒産に追い込まれ、失業者が道端にあふれていました。留年して就職浪人する学生や、海外市場に働く場所を求める学生が大勢いました。

　その時に、韓国では全国民国債返済運動が起きました。国民が自身の所有する貴金属などをもち寄り、それらを溶かして金の塊を作り、世界市場に売り出して30億ドルほどの現金に変え国債の一部を返した出来事です。その時は、私と家内、母までもが結婚指輪やネックレスなどを国に差し出しました。誰かから強制されたわけではありません。国民すべてが自発的に、自分たちの大事な資産を投げ出したのです。その際の悲しみや苦しみは言うまでもないものでした。愛国心から、というだけではない複雑な心境でした。

　なぜ、誠実に国民としての義務を全うしながら暮らしていただけなのに、こんな風に私財を供出しなければならないのか。あの経済危機は、無責任に国債発行を乱発した、政府や大手企業の不実な経営がもたらした危機です。普通の国民がどうして犠牲を払わなければならないのか。悔しかったのです。2度とこのような屈辱的な事件を繰り返さないために、何をするべきなのか、真摯に考える機会になりました。

　それから19年が過ぎた今、韓国の経済はまだ安定とは言えませんが、経済危機当時に30億ドルしかなかった外貨保有高は、3725億ドルを超えています。

　今、韓国の事例をもち出したのは、韓国が素晴らしかったという自慢話をするためではありません。他山之石という言葉があるよう

に、今の日本に照らし合わせて考えればそこに何らかのヒントがあろうと思うからです。

　山一證券の取締役が泣きながら記者会見をしていたあの頃の日本に比べると、この深刻な経済危機や社会の諸問題について誰も責任を取らず、誰かに責任を転嫁するために声を荒らげている現実が情けないと感じるからです。これでは日本再生の道は遠くなるだけではないでしょうか。

　すべての人が「すべて私の責任です！」と叫んで、自分から何かを反省し、小さなことから一つひとつ努力を重ねば、その時日本再生の道が開けるのではないかと、ここに呟いてみます。

コラム④　深夜バスで街をもっと活性化

　ある日、ソウル市長の朴元淳氏(パク・ウォンスン)が、市民と意思疎通を図るために利用中のSNSに市民からの提案がありました。「我々庶民は夜遅くまで仕事しないといけない職場に勤める人が多く、深夜になってやっと家に帰れるのだが、私たちが帰る深夜の時間帯は少しでも遅れれば電車もバスもない時間帯であり、乗り遅れたらやむを得ず職場で寝泊まりするか、大きな出費を覚悟の上、タクシーを乗らなければならないのです。ぜひとも深夜の時間に市内バスを運行してもらえないでしょうか？」という話でした。

　朴市長は市民の訴えに悩みはじめました。たしかに夜遅くまで仕事をする非正規労働者が多いのも事実であり、非正規労働者は一般的に所得も低いことから、終電前に帰宅するように求めるのも、タクシーなどを利用したらということも虚しい話に過ぎません。ではどうすればよいのでしょうか？　たしかに市民から訴えがあったように、深夜バスを運行すれば問題は解決するでしょうが、それには財政措置が必要で、折角、深夜バスを運行しても確実に市民の利用率が高まるとは限らないはずでした。さらに、どの時間帯にどこを走らせれば良いのか、運行間隔はどれくらいが良いのか、何台を走

ソウル市が運行をはじめた深夜バス

らせばいいのか、正確な答えがほしいと思いました。朴市長は交通関連専門家に深夜バス導入の検討を依頼し結果を待つことにしたのでした。

　市長はビッグデータなどITを利活用すればより正確な情報をつかみ、需要予測に正確性を高めるのではないかと思い、市のCIOである情報化企画団団長(副市長級)に提案を求めました。韓国最大のポータルサイトでCTOを務めて、ビッグデータなどの分析など豊富な経験のあるCIOは、統計・データ担当官の金キビョン課長を始め、「深夜バスを運行するための運行路線策定、運行時間、投入バス台数などの最適案」を導き出すには、どのようなデータが役に立つのか、また、集めたビッグデータをどのようなシナリオで加工すれば、正確性を高めることができるのか、情報化企画団内の専門家たちと議論を深めました。

　結果として浮上した案は、まずソウル市内でいわゆる深夜の時間に多くの人々が集まっているところはどこなのか、また、その人々の帰宅経路を把握するために、携帯電話会社の電話発信履歴データを貰うことにしたのです。携帯電話は通話しなくても、常に基地局との通信をしているため持ち主の移動状況がある程度読めるそうです。しかし、携帯電話の電波だけでは、数キロの半径のなかにいたという事実しかつかめず、正確な場所がわらないので、携帯電話料金の請求地に帰宅するのではないかと推定しました。もちろん、携帯電話会社はソウル市に対して、個人情報の保護の観点から人を特定できるようなデータは除外して、分析に必要な必要最小限度のデータを提供しました。

　ビッグデータから抽出した深夜の人口の移動データを根拠に、深夜バス路線は9路線に決め、20台のバスを投入、人々の移動が多いコースを中心に路線を選定しました。とくに市民へのアンケート調査を通じて、深夜バスを利用できるならバス停留場から500メー

トルまでは歩く用意があるという答えも踏まえて、路線の微調整も終えて深夜バス運行を開始しました。

深夜バスは予想を上回る高い利用率で、市民からも高い評価を

深夜バス路線設定のために使った携帯電話発信状況。
色が濃いところほど人が多い

受けているとソウル市の金キビョン統計・データ担当官は胸を張っていました。具体的な成果として、現在、深夜バスの利用率は45％を推移しており、深夜バスを利用できるので少し遅くても安心して帰宅できるということから、深夜時間帯の女性の活動人口も11.8％増加したそうです。ちなみに韓国では夜遅くまで営業している飲食店などが多く、また、日本人観光客が多く訪れる明洞や南大門、東大門などのショッピングセンターは深夜まで営業を行っており、このような業種には女性従業員が多く働いているといわれています。

この事例は、今までの交通政策専門家の専門的な需要予測に加え、新しく登場したビッグデータ技術を使い、市民の実際の移動データを分析する手法を利用したことで政策の正確性を高めた一

つの成功事例として広く知られています。ソウル市はこれを機に2014年15種類のビッグデータ利用政策を打ち出して、今年からは本格的に政策立案と実行に応用しています。

　政府や自治体が何かの政策課題を決める時には、政策目標を達成できるための仮説を立ててあらゆる方面での検討を重ね、それなりに効果が見込める確信ができた時に政策を推進することになります。しかし、熟慮の末に進めた政策だからといってすべてが順調に進むとは限りません。それは政策課題を達成するための手段と方法ももちろんですが、何より大事なのは、正確なデータに基づく現状分析により、成功に至るまでのシナリオの精度を上げることが重要なのです。最近ではビッグデータという概念が登場し、政府や自治体でも幅広く活用されています。

あとがき

　産業革命がもたらされた18世紀以降、人類の叡智が生み出した数々の発明は機械化・工業化をもたらすとともに各国の軍事化を促しました。世界では列強諸国が豊富な天然資源を求めて植民地をめぐる争いに火花を散らしました。そして20世紀。17世紀に5億人だった全世界の人口は激増し60億人の大台を突破しました(21世紀には70億人突破)。資源および利用するエネルギーの転換、化学肥料の発達、農業の機械化がもたらした食糧生産性の飛躍的な向上、医療や創薬、衛生技術の進歩、新産業の隆盛などが、歴史上前例のない人口の爆発的増加を引き起こしました。

　20世紀の幕開けとともに、近代化を進める日本は列強への仲間入りを果たしました。第二次世界大戦後は、民主化を進め、荒廃からの復興と経済成長をなし遂げます。高い品質と安定した量産体制で海外市場を席巻、世界の「ものづくり」をリードしました。90年代初頭には、世界の富の半分を米国と日本が占めるまでに至ります。

　しかし21世紀に入り、状況は一変します。質と量だけでは、日本の製品・サービスは簡単に儲けにつながらなくなりました。韓国、台湾、中国など新興工業国が安い価格の商品を作り始め市場に供給したからです。新たな技術に基づく新たな製品を創り出しても、すぐに追いつかれる。しかし、差別化を図らなければ生き残れない。日本に限らず、どの国でも同じように国境を越えて人材が競い合う状況に巻き込まれていきました。

新たな市場における覇権争いが勃発するなかで産業革命に匹敵するもう一つの革命が起きました。情報を制する者が市場を制する時代の到来、いわゆる知識革命です。

　この10年ほどでインターネットやスマートデバイスから得られる膨大な量の口コミ情報が、商品購入時における顧客の判断や行動に大きな影響を与えるようになりました。顧客は何を欲しているのか。品物の品質でしょうか、値段でしょうか。

　しかし、それを手にした時、あるいは使った体験時の喜びや心地よさではないでしょうか。サービスでいえば行き届いた対応やおもてなしの心遣いです。ひとことでいえば「感動」です。顧客の求めている「感動」を創造するためにどんな「ものがたり（ストーリー）」を作れるかという能力で、世界の企業が競う時代になったのです。

　そうした意味で知識革命もまた、産業革命と同様に「ものづくり」の領域にパラダイムシフトをもたらしました。

　しかし世の中にはまだ労働集約型の工業モデルに乗ったままで、ストーリーを作る知識革命に移行していないものが見受けられます。「お・も・て・な・し」は2013年を彩る流行語の一つを飾りました。ところが、おもてなし、が行き届いていない分野もまだあるようです。その代表といえるのが、従来型モデルから脱却しきれない産業、教育、医療、行政サービス。いずれの業界においても、業務プロセスや情報の流れを俯瞰すると、縦割りでそこかしこに分断があります。情報も人材も有効活用されているとはいいがたい。もしそれらが横につながったら様々なロスが減り、そのリソースを新たな成長のために振り向けられるはずです。この非合理さは、行政組織や企業による「顧客囲い込み」戦略の裏返しでもあります。日本の産業、教育、医療、行政サービスはその囲いのなかに閉じこもり、囲いの外と交流する改革に挑もうとしませんでした。あるい

は、その行為はしばしば封ぜられました。空気を読み、顔色をうかがい、出る杭は打たれる。

　成長が鈍化した既存産業から脱皮するために、新たな市場を作らなければならないのは明白です。新たな市場は、人口減で規模縮小といわれる国内でも作れるし、成長性の高い海外市場でも見出せます。

　アベノミクス以後、インフレ期待と消費税増税前の駆け込み需要で、住宅や自動車の販売が上向いてきました。微温とはいえ経済が温まってきたようです。「失われた20年」から抜け出す最後のチャンスという人もいます。ならば、ここで次の成長の波を作っておかなければならないでしょう。

　おそらく「もう一つの革命」が起きる前夜に私たちはいるのかも知れません。自然界では氷が水になり、液体の水が蒸気になる状態変化（相転移）が起こります。相転移は、なだらかな熱量・温度の変化を引き金とする非連続的な現象です。産業革命や知識革命などの技術革新はこれに似ています。ある時期を境にして、短期間に世の中を劇的に変えてしまいます。

　私の感覚では、お金や情報の流れ、人々の価値観を変えるような「マグマ」があちこちでくすぶっているような気がしますが、気のせいでしょうか。

　既存の企業には、新たなマーケットに立ち向かい、困難を一つひとつ乗り越え成長していく気概をもってほしいと思います。

2016年8月10日

廉宗淳

本書をお勧めします①

ICT利活用の未来を輝かせよう

～現状洞察と変革始動へのヒント～

横尾俊彦

　ICTは未来を創造する新たなツールであり、大きなイノベーションをもたらす機器でもあります。皆様もご存知のように、ICT機器の進化もすばらしいものですが、その効果をさらに大きく生かすにはどうするのか、どうあるべきか。とくに、いわゆる行政の変革に活かして、よりよい行政をいかに実現するか。この冊子にはそのヒントがあります。

　筆者は廉宗淳さん。ICT利活用のコンサルティングで活躍されています。もともと韓国の地方政府で公務員経験もあり、日本でも医療機関経営の改革や自治体経営の改革などにもかかわり、両国の利点や長所を熟知され、その視点を生かして新たな提案を行っています。いわば自ら変革時代への「黒船」の役目を担おうという熱意をおもちとお見受けしています。「問題は解決すべきリスト」を見つけだすという視点から、いかなる問題にも打破する道を求める姿勢と発想はまさに時代に必要な才覚です。

　時代の変化を思いおこしてみます。いまでは記憶にさえないかもしれませんが、タイプ印刷機が出て便利さに驚き、ワードプロセッサーが出て一世を風靡し、そしてパーソナルコンピューターがお手頃価格で登場して一気に普及しました。おかげで、文書作成やデータ管理がじつに簡単にできるようになり、しかも誰もが使用できて、オフィスはもとより自宅でも、通勤中でも作業可能な機種までも次々に登場してきました。通信についても進化は素晴らしく、かつてのパソコン通信から今日の多様な画像などのデータ通信、携帯型PCともいえる機能を持ったスマートフォンなどを多くの人が日々普通に活用するまで、まさに一気呵成に進化してきたという感慨があります。その途中には、ビル・ゲイツ氏や

スティーブ・ジョブズ氏、孫正義氏はじめ、時代の寵児が登場してきたことも多くの人が知るところです。

では、その最新鋭機器や技術を使いこなして、新たな時代創造につながるような展開を我々はできているのでしょうか。とくに行政を軸とした分野でもっと進めるべきではないでしょうか。

そのためには機器等の進化のみならず、我々自身の思考回路や習慣そのものを進化させる取り組みが欠かせません。前例を超える発想、既存ルールに縛られない企画力、既存規制を打破する突破力、新しいやり方を考案して具現化する実行力などが必要です。

これらのスキル修得と新創造は一朝一夕には修得できないものの、「なりたい」「やりたい」、と強く願いつづけて、絶えまない努力を幾重にも重ねていく熱情があれば可能になります。「熱意があればきっと道は開かれる」の信念で万事にあたっていくことが重要です。

そのような未来志向と未来へのミッション・使命感と情熱をもって、新たな時代創造の一翼を担いたいと奮闘努力する。そのことは人の一生にも重要な要素でもあります。そんな熱意をもって、持ち前の熱心さと誠実さで頑張っている人材が廉宗淳さん、その人です。

出会いはひょんなことから（笑）でした。廉さんの母国・大韓民国（韓国）は、かつて日本が森内閣の頃、日本のIT戦略について学び、それに遅れぬようにと取り組みを進め、その後急速に日本に追いつき、努力はいつのまにか日本を追い越すものになっていったのです。そして、現在では韓国は国際連合による電子政府の評価で世界1位を数年連続獲得すICT活用行政の国となり、そこには大いに学ぶべきものがあります。

制度のみならず、法律面でもユニークな基盤があります。たとえば、不必要な文書を国民に書かせたり求めたりしてはいけないというルール、公務員は年間○○時間以上のICT研修を受ける義務づけのルールなどが世界をリードするICT利活用と電子政府を支えています。これらは、少し工夫すれば日本でもできることでしょう。

その進化発展の詳細を熟知し、日本のこれからの進展に参考になる情

報を提供、発信しつづけているのが廉さんです。この本で、そうかこう考えればいいのかとあなたはたくさんのことを発見されるでしょう。

さらに、これまで我が国の関係大臣はじめ大勢の方々が廉さんのガイドで韓国ICT行政事情視察をされていると聞きます。官民を問わず参加されるこのプログラムは、「コロンブス視察」とも銘打って行われ、それはまさに、かの「コロンブスの卵」のように、進化と変革の気づきと契機になるようにとの熱い願いもこめられているものです。幾多の人材に、最先端ICT視察の企画や実施も提供され、大いなる啓発も展開されています。

一昨年には、私も現地の先進事例を拝見する機会を得ました。合理的な発想で物事の本質的検討を行い、その解決策を考察し、その上で、コストパフォーマンスも考慮して新たな展開をするという取り組みは、これからの日本の参考になるものと感じました。あわせて海外から見ることの大切さを改めて感じたところです。そうしなければいわゆる世界から見てガラパゴス化した内向き発想を超越できません。

ちがいが分かるからこそ、課題の本質が分かり、針路も見えてくる。そのような観点から見た日本の問題、改善すべき課題、改革を行うべき項目が見えてきたら、あなたはどうされますか。

まさにそのときに、「提案をしよう」と考えてきたのが廉さんです。

現状のままでは変化も進化もないでしょう。課題があるのなら、その本質を把握して、その解決に知恵を絞る、そして方策が見えれば果敢に実行する。そこから活路は必ず見えてくるはずです。そのような未来へのポジティブな発想と着眼こそが重要です。

そして、イノベーションを進めようとの思いと覚悟に立って、さまざまな分野でICTを利活用して、新たな時代の行政サービスや社会イメージを実現していくことが重要だと思うのです。

日本の姿をよくよく見つめていて、気づいてしまったこと、分かったことがあり、そこから課題解決を考察し、それが少しでも世の役に立つように、これまで投稿・寄稿を重ねられたものを集約編集されたのが今

回の出版に結実しているということができます。

　小冊子のようですが、中身はなかなか深いものです。

　「第1章　産業」からはじまり、「第2章　教育」、「第3章　医療」、「第4章　行政サービス」と幅広い問題提起と改革へのヒントが続きます。具体事例も紹介しながら進む展開はまさにイノベーションへのヒント情報となり、わかりやすい説明となっています。取り上げられている具体事例はよりよく理解するためのベストプラクティスの一環ともいえます。隣国でできて、なぜ日本ではここまでできないのかと考えさせられるものもあります。そしてさらには「第5章　変革の道筋」では、「なせばなる」の心の大切さからはじまり、「すべては私の責任です」という自覚でこそ改革は可能になるとの熱いメッセージにつながります。

　まさに一読の価値ありです。といってもここまで読んできてくださった方はきっと最後までおつきあいいただけるでしょう（笑）。感謝します。

　そういうことで、これからページを開く読者には、自分自身で興味深いと思われるキーワードからか、あるいは、今まさに答えを探している課題に関するものからなど、いろいろな切り口でページをめくってみて、ピンときたところから読みはじめても十分に発見のある情報に出逢えると思います。そうかこのように多彩で多様なやり方や考え方があるのか、あっていいのか、と気づかれたらラッキーだと思います。

　外に学んで、内の変革に活かす。それはきっとイノベーションの序章になるはずです。

　読者の方々の、新たなイノベーションの一翼を担う力の参考になることを念じます。

（多久市長）

本書をお勧めします②

この本の中に未来を拓く視座がある、
いやこの本のなかにしかないだろう

浜村寿紀

　「メディアザウルス」をご存知だろうか。映画「ジュラシックパーク」の原作者として知られるSF作家のマイケル・クライトン氏が1994年、ワシントンのナショナルプレスクラブで講演した際に使った言葉だ。彼は「現在、隆盛を誇っているマスメディアは環境の激変に耐えきれず、恐竜のように絶滅するだろう。そして次にやってくるメディアのための化石燃料となる」と述べた。それが起きるのは「10年以内」と予言した。

　94年というとまだインターネットは一般化しておらず、もちろんモバイルデバイスも普及していない。講演から20年以上が経過し、幸いまだ生きのびてはいるものの、苦境にあえいでいる業界に身を置く者としては、さすがの慧眼と恐れいるしかない。

　劣勢は明らかだ。数字で示してみよう。新聞の発行部数のピークは1997年の5337万部で、2014年は4424万部。ここ数年は毎年100~150万部ずつ減らしている。2000年には1兆2000億円を超えていた新聞広告費は、15年には5679億円まで落ちこんでいる（電通「日本の広告費」）。

　テレビの広告費も減少傾向だが、より深刻なのは視聴者数の低下だ。NHKが5年ごとに発表している「生活時間調査」によると、40代男性で1日に15分以上テレビを見る人は1995年には92％だったが、2015年には76％になっている。20代男性は81％から62％、30代男性は88％から69％。新聞はもっと恐ろしい数字が並び、40代男性で67％から20％、30代男性では55％から10％と目を覆うばかりの惨状といえるだろう。

　マスメディア業界も状況を座視してはいない。多くの新聞社は会員制

の電子版発行をはじめ、TV局とともにソーシャルメディアの利用にも熱心だ。モバイル対応も進めている。だが「これで当面大丈夫だ」という手応えはつかめていない。

　マスメディアが提供しているのは「定食」のようなものだ。コストのかかった材料を使い、プロの料理人がつくるのだから味も栄養価もいいに決まっている。でも、年配の人はもっとあっさりしたレシピがいいというかもしれないし、若者ならときにはジャンクフードが食べたくなるだろう。ダイエット中ならなおさらメニューが限定される。情報という食材をそれぞれの人にあわせて提供する。もちろん「こういうのも召しあがったほうがいいですよ」という提案も交えながらである。紙や電波では不可能なことが、ネットならできるのである。そのあたりにブレイクスルーがあると考える人が増えつつある。そのためにメディア業界はもっと受け手のこと、そして彼、彼女らが暮らす社会を知らなくてはならないのだ。

　米国の科学者で「パソコンの父」と呼ばれるアラン・ケイは「The best way to predict the future is to invent it.（未来を予測する最善の方法はそれを発明してしまうことである）」と述べた。「これからのマスメディアはどうなる」ではなく「どうする」のかを追い求めろと先達は教えてくれている。

　日韓両国のICTに精通し、豊富なコンサルティング経験をもつ畏友・廉宗淳氏が、産業、教育、医療、行政そして文化、国民性に至るまで縦横無尽に切りまくった本書は、マスメディア業界で苦闘している私たちにもさまざまな示唆を与えてくれるだろう。

（共同通信記者）

本書をお勧めします③

テクノロジーの問題ではなく、組織のマネジメントの問題だ

横塚裕志

ITシステムの比較をする時ときの心がまえ

どこの国のIT化が進んでいるとかいないとか、どこの会社のIT化が進んでいるとか、アメリカのGEがすごいとかそうでもないとか、ドイツのインダストリ4.0がすごいとかパッとしないとか、こういう議論につきあっていると、なぜかモチベーションが下がる。どこか感情的だったり、どこか愛国精神が顔を見せたり、自分の会社の正当化をしたくなる気持ちになる。

一方で、世界の情報を知ることは、とても役に立つものだ。他の国や他の会社がやっていることを知ることは、環境や文化がちがっていても、とても新鮮であり何かに気づかされる。こういう素直な感覚が重要だ。すべて日本が、すべて自分の会社が正しいとする輩がところどころ徘徊しているが、それらの種族は早晩滅びることは歴史が証明している。

比較することで多くの気づきを得ることは、とっても価値があることだ。世界は広いし、自分で考えつくことなど些細なものだ。どんどんパクればいい。

ただし、比較するときのコツは、冷静にその事実に注目することだ。どっちが勝ったとか負けたとかの感情を捨て、その事例の進んだところをしっかり学ぶことに専念することだ。それぞれの事例をしっかり分析することにより、そのことだけでなく、さらにちがった視点でものを見るヒントまで得ることができる。ダイバーシティの価値がそこにある。くれぐれも「韓国は進んでいるところはあるかもしれないが、徴兵制の国でたいしたことない」などといって、事実を見ないことがあるとすれ

ば、それはもったいないというものだ。

ITを活用する力はどこから来るのか

　行政やビジネスを、ITを活用していかに効率化するか、お客様の経験価値を向上させるかは大変重要なテーマであり、日本と韓国を廉さんに比較していただくと、そのちがいが一目瞭然だ。では、もし、日本が韓国をまねる点があるとして、まねようと考えたとき、簡単にできるだろうか。ITを活用するという組織能力は、自然にどこの国にも備わっているものなのだろうか。どこの会社にも備わっている能力なのだろうか。
　その答えは、私は「ＮＯ」だと考えている。能力は学ばなければ、そして小さいことでも実践し続けなければ、個人でも組織でも身につかないのは太古からの道理だ、
　では、ITを活用することができる組織能力とはどんなものなのだろうか。この分野を研究している論文などが私の周りにないので、私の考えを概略書いてみようと思う。

ａ．IT活用を企画する能力
　新しいサービスを創造する力であり、そう簡単ではない。企画部門やIT部門が一緒になって力を出していくことが必要だ。4つの能力を必要とする。
　　① お客様が本当に望んでいること、困っていることを洞察する力
　　② それを実現するビジネスプロセスを組み立てる力
　　③ 過去の神話を覆す力
　　④ 会社を動かす説得力

ｂ．IT活用を実行に移す能力
　ITを実際に使うのは組織の現場であったり、お客様なので、エンド

ユーザーがその気になる状況を準備することが必要になる。これは、まさに現場の仕事なので、IT部門では手が出せない力だ。3つの能力を必要とする。

 ① エンドユーザーを本気にさせる企画力
 ② エンドユーザーに改革の意義を説得する能力
 ③ 改革の進捗をモニタリングする能力

c．IT活用プロジェクトをビジネス現場で完成させる能力

　全社を挙げたプロジェクト、日本の全国レベルでのプロジェクトなどを推進していくことはかなり難度が高い。全国レベルで、組織の上から下までの多くの関係者を巻き込んだ活動となると、相当の力が必要になる。一人や二人のエースがいるだけではとうてい実現できない。全国の組織のなかにエースをつくり、成功者を増やし、信者をメジャーになる量まで拡大していくパワーが必要だ。これはまさに、ビジネス側の組織のなかのマネジメントの課題であり、一朝一夕にすますことができる課題ではない。

　以上、ITを活用するための組織能力を概観してみたが、テクノロジーの問題ではなく、組織のマネジメントの問題だ。その視点で、日本と韓国のちがいを見ていくと、多くの組織的課題を感じることになる。テクノロジーの問題ではない、経営の問題だと認識してみると、ことは意外と深刻である。しっかり、日本の企業や行政の組織経営の課題を勉強し、改革せねばならないと思えてくる。
　私が理事長を務めるCeFILというNPOでは、大企業27社の皆さんと「デジタルビジネスイノベーション　センター」を本年5月に設立して、この課題にとりくみはじめている。ご関心のある方は、いっしょにとりくんで、各企業の組織能力をデジタル時代に合わせた能力に改革していきませんか。

（NPO団体　CeFIL理事長）

本書をお勧めします④

日本と韓国、学びあうことは多い

湯浅 岳史

　いかに人材開発を進めるべきか。いかに人を育てるかべきか。黄金週間のさなか、廉氏と二人で議論していた際のことである。廉氏はこういう。

　「湯浅さん、卵の殻を割る方法は２つあります。外から力をかけて卵を割った場合、どれほどがんばったとしても、フランス料理で１万円になるのが限界でしょう。内なる力、自らの力で卵を割ってもらって、鶏になればどうですか？　鶏はたくさんの卵を産み、卵は次の鶏を産む。大きな結果を出すでしょう？」

　「世の中を変えるのは人間であり、人間を変えるのは教育なんです。外から強制して教育するのではなく、内なる力で自ら学び育ってもらうことが大切なんです」

　廉氏の話は、ときに絶妙なたとえとユーモアも交えながら、私の腹にストンと落ちてくる。そして私はいつも、廉氏のストーリーに聞きいるのである。

　知人の紹介により、私が廉氏と出会ったのが３年前のことである。以来廉氏には、ICTや業務プロセス改善について相談に乗っていただき、また優れたデジタル・ソリューションや、日本国内、そして韓国を中心とする海外の人脈・企業をご紹介いただいてきた。

　廉氏に聞いた韓国の行政事務イノベーションは、これまたストンと腹落ちするものであった。デジタルによる行政事務の改善を考える際、我々は「いつでもどこでも住民票が発行できる」状態を考える。しかし、我々は住民票をなんのために発行するのか？　多くの場合、どこかの行

政機関に提出するためである。それであれば、何も我々が住民票を発行し、それを別の行政機関に提出せずとも、行政機関同士で我々の住民票をやりとりすることを、我々が許可すればいいではないか。本書でも紹介されているとおり、韓国ではそれを実現している。ICT化を進めるということは、けっしてただ電算化を進めることではなく、イノベーションを生まなくてはならない。本書でも紹介されている、廉氏の言葉である。

　廉氏に同行いただき何度か企業を訪問し、意見交換する機会も得た。企業訪問で感銘を受けた私に、廉氏はいった。「私はこれまで多くの日本の方を韓国にお連れし、韓国の行政機関や民間企業との橋渡しを行ってきた。みなさん視察を終えられたときは『いや良かったよ、廉さん、ぜひ日本でもやりたいですね』といわれる。しかし、では実際に進めようとなると『我が社ではなかなかむずかしいですね』となるんです」

　なぜであろうか。ウオン通貨危機を契機に、行政でも民間でもITを内部目的化し、当然のインフラ基盤であると考えている韓国。対して、デジタル投資はコストとみなされる日本。トップダウンで物事が決まる韓国、一方で合意形成の意思決定を重視し、トップがやりたくても進まないのが日本。このような説明をよく耳にする。はたしてそうであろうか？

　ちょうどセウォル号沈没事故から1年となった昨年4月にソウルを訪問すると、政府の対応に怒る住民たちによるデモが、光化門前で行われていた。機動隊の車列に向かって、石やバット、ゴミなどが次々と投げこまれる。デモが少なく、あったとしてもおとなしい日本では久しく見ていない風景であった。投石デモの是非はともかく、住民が、従業員が「おかしいものはおかしい」と意見を表明し、声を上げる韓国。対して、「おかしいな」「変だな」「嫌だな」と思っても、その意見を表明しないことが美徳とされる（または美徳であると勘ちがいしている）日本。その差こそが、デジタル変革にしても、いやデジタルに限らずとも、日本において変革が遅々として進まないことの説明となりうるのではないだろ

うか？

　生まれもった性質、国民の気質の部分まで変えるのは困難であるかもしれない。しかし、思い出していただきたい。小学校までは私たち日本人も教室で挙手し、意見をいっていたはずだ。中学になり、高校になり、そして大学に行き会社に入ると、なぜか「場の空気をかき乱さない美徳」が重視されるようになる。我々はもう少し、自分たちの考えを表明することを、韓国から学んだほうがよいのかもしれない。

　廉氏の紹介を受けて、私は韓国で何人かのビジネス・パートナーに教えを乞う機会があった。その際、韓国のかたが異口同音にいわれる言葉に驚いた。「我々はこれまで、日本から多くのことを学んできたんです。その我々が日本にご紹介することなどそれほどないと思うのですが、よろしいのでしょうか？」「これまで多くのことを教えていただいたので、もちろん喜んでお教えしますよ」

　韓国と日本。近くて、でも残念ながら少し遠い国。しかしながら、韓国と日本はもっと多くのことで協働できることは多いはずである。韓国と日本、韓国企業と日本企業、お互い謙虚に学ぶべきは学び、足りないところを補完し、優れたパートナーとなり、協働することができれば、素晴らしいと思う。

（パシフィックコンサルタンツグループ株式会社・
グループ経営企画部 企画室長）

本書をお勧めします⑤

「目からウロコ」の連続

高井たかし

　廉さんと視察に行った韓国の産業・医療・教育・行政・政治等分野のIT化は「目からウロコ」の連続でした。あのとき必死にメモをとった情報のすべてがこの本に記されています。IT分野に携わる人のみならず、日本の将来を憂えるすべての人にとって、おとなり韓国の実情を知ることは貴重であり、ぜひ一読することをお薦めします。

（衆議院議員）

【著者紹介】

廉　宗淳（ヨム　ジョンスン）
1962年生まれ。
佐賀大学大学院博士課程修了。学術博士（Ph.D）
e-Corporation.JP 代表取締役・社長
聖路加国際病院　IT アドバイザー、青森市情報政策調整監［CIO 補佐官］、佐賀県統括本部　情報課情報企画監、佐賀県教育庁教育情報化推進室情報企画監などを歴任。
現在、明治大学専門職大学院　兼任講師（電子政府分野）
著書
『「電子政府」実現へのシナリオ』（時事通信社、2004年）、『行政改革を導く電子政府・電子自治体への戦略』（時事通信社、2009年）

「ものづくり」を変える IT の「ものがたり」
── 日本の産業、教育、医療、行政の未来を考える

2016年8月31日　初版第1刷発行

著者 ……………… 廉宗淳

発行人 …………… 金承福・永田金司

発行所 …………… 株式会社クオン

　　　　　　　　〒101-0051　東京都千代田区神田神保町1-7-3　三光堂ビル3F

　　　　　　　　電話：03-5244-5426／Fax：03-5244-5428

編集 ……………… 黒田貴史

組版 ……………… 菅原政美

イラスト ………… さいとう　よーこ

ブックデザイン … 桂川　潤

URL http://www.cuon.jp/
ISBN 978-4-904855-39-3 C0055

万一、落丁乱丁のある場合はお取り替えいたします。小社までご連絡ください。